U0339372

THE GOLDEN SECTION

nature's greatest secret

极致的黄金比例

〔美〕斯科特·奥尔森————著　何三宁　王楠竹　李宜洁————译

湖南科学技术出版社 · 长沙

科学之美

THE BEAUTY ●F SCIENCE

图书在版编目（CIP）数据

极致的黄金比例 / （美）斯科特·奥尔森著 ; 何三宁，王楠竹，李宜洁译. — 长沙 : 湖南科学技术出版社，2024.5（科学之美）
ISBN 978-7-5710-2838-1

Ⅰ．①极… Ⅱ．①斯… ②何… ③王… ④李… Ⅲ.①黄金分割法—研究 Ⅳ. ①O224

中国国家版本馆 CIP 数据核字(2024)第 076142 号

JIZHIDE HUANGJIN BILI

极致的黄金比例

著　者：[美] 斯科特·奥尔森
译　者：何三宁　王楠竹　李宜洁
出 版 人：潘晓山
责任编辑：刘 英　李 媛
版式设计：王语瑶
出版发行：湖南科学技术出版社
社　址：长沙市芙蓉中路一段 416 号泊富国际金融中心
网　址：http://www.hnstp.com
湖南科学技术出版社天猫旗舰店网址：
　　　　http://hnkjcbs.tmall.com
邮购联系：0731-84375808
印　刷：长沙超峰印刷有限公司
厂　址：湖南省宁乡市金州新区泉洲北路 100 号
邮　编：410600
版　次：2024 年 5 月第 1 版
印　次：2024 年 5 月第 1 次印刷
开　本：889mm×1290mm　1/32
印　张：2.25
字　数：120 千字
书　号：ISBN 978-7-5710-2838-1
定　价：45.00 元
（版权所有·翻印必究）

THE GOLDEN
SECTION
NATURE'S GREATEST SECRET

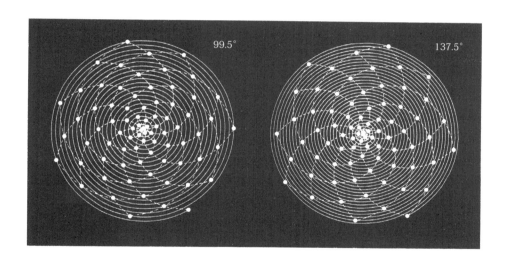

99.5°   137.5°

Scott Olsen, Ph.D.

BLOOMSBURY
NEW YORK · LONDON · OXFORD · NEW DELHI · SYDNEY

Bloomsbury USA

An imprint of Bloomsbury Publishing Plc

1385 Broadway   50 Bedford Square
New York   London
NY 10018   WC1B 3DP
USA   UK

www.bloomsbury.com

BLOOMSBURY and the Diana logo are trademarks of
Bloomsbury Publishing Plc.

First published 2006

ISBN: HB: 978-0-8027-1539-5

Library of Congress Cataloging-in-Publication Data is available.

2 4 6 8 10 9 7 5 3 1

Designed and typeset by Wooden Books Ltd, Glastonbury, UK.

Printed in the U.S.A. by Worzalla, Stevens Point, Wisconsin.

To find out more about our authors and books visit
www.bloomsbury.com. Here you will find extracts, author interviews,
details of forthcoming events, and the option to sign up for our newsletters.

Bloomsbury books may be purchased for business or promotional use.
For information on bulk purchases please contact Macmillan Corporate and
Premium Sales Department at specialmarkets@macmillan.com.

深深地感谢我挚爱的父母亲：艾琳和克拉里翁

首先，我要感谢为本书作出贡献的参与者：基思·克里奇劳、约翰·米歇尔、兰斯·哈丁、本杰明·布莱顿、加思·诺曼、马克·雷诺兹、罗宾·希思、理查德·希思、巴勃罗·艾玛琳哥、撒迦利亚·格雷戈里等，尤其要感谢我的编辑约翰·马蒂诺。同时，我还要感谢参与本书讨论的人员：丹·佩多、大卫·博姆、休斯顿·史密斯、道格拉斯·贝克、斯蒂芬·菲利普斯、埃德加·米切尔、大卫·菲德勒、加里利·佩德罗萨、老罗伯特·鲍威尔、阿列克谢·斯塔霍夫、迈克尔·巴伦和比尔·福斯。尤其要感谢我的爱妻帕姆。另外，非常感谢中佛罗里达社区学院为我提供的学术休假。

其他参考文献：P.海明威的《神圣的比例》、G.多兹的《幂的界限》、M.施耐德的《黄金比例工作手册》、凯洛斯的《基础φ的工作表》、M.里维奥的《黄金比例》、M.杰卡的《艺术与生活几何学》、H.E.亨特利的《神圣的比例》，以及R.A.邓拉普的《黄金比例》等。

上图：弗兰芝诺·加弗利欧（Francino Gaffurio）早期的木版画作品《一堂人文课》。英文扉页：展示阿基米德螺线的卢卡斯螺旋叶序和斐波那契螺旋叶序（根据波斯尔、劳斯和尼达姆）。

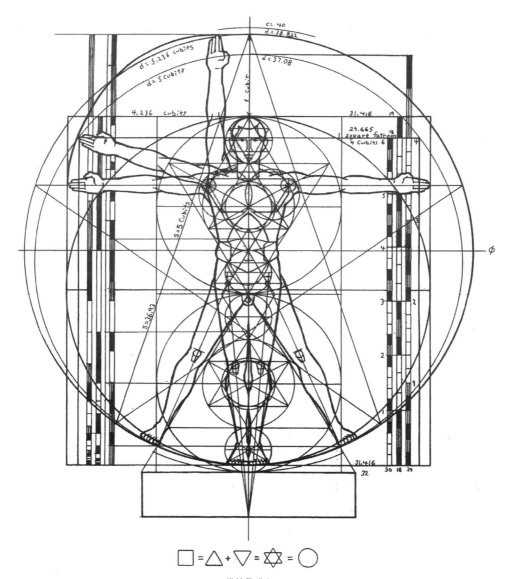

维特鲁威人

目录
CONTENTS

　　大自然拥有一个巨大的秘密，其守护者虔诚地守护着她，以防有人亵渎或滥用其智慧。大自然偶尔会悄然把一些秘密透露给那些善于聆听和观察的人。只要你足够坦率、敏锐、热情，并能够认真去理解大自然的神奇在我们日常生活中的深层含义，你就会发现大自然的一些神奇秘密。很多人浑浑噩噩虚度一生，有时甚至麻木不仁，怎么可能真正感知到身边那些高雅绝伦的规律呢？然而，总会有一些办法让我们去认知大自然中的奥秘。

　　这种探索奥秘的传统方法应该以研究数字、和谐、几何和宇宙为核心，可以穿越时空追溯到埃及、巴比伦、印度和中国的文化当中去。显而易见，在古欧洲巨石圆阵、地下宫殿的布局和关系中，以及在英国发现的新石器时代的石头中，都是由五种正多面体构成。在玛雅和其他中美洲文物及建筑中，有更多探索其中奥秘的线索，而在大洋彼岸，哥特风格的泥瓦匠把黄金比例嵌入大教堂的设计之中。

　　伟大的毕达哥拉斯哲学家柏拉图，在他的著作和口头训诫中曾暗示到，虽然这些奥秘神秘难测，然而总有一把通往这些奥秘的金钥匙。

　　我保证：如果你愿意认真地通读这本简洁紧凑的小书，即便不能深刻地洞察大自然的最大秘密，也必定能够一睹精美绝伦的黄金比例，这定会让你心满意足。

黄金比例的奥秘 / 永恒的智慧黄金线
THE MYSTERY OF PHI
THE GOLDEN THREAD OF PERENNIAL WISDOM

　　人们很难揭开黄金比例历史的谜团。尽管黄金比例在古埃及和毕达哥拉斯传统里都有所应用，但黄金比例的概念最初由欧几里得（Euclid，公元前330—前275）提出，他将其定义为一条线段的中末比。对此最早的论著是闻名遐迩的《神圣的比例》（*Divina Proportione*），其作者卢卡·帕乔利（Luca Pacioli，1445—1517）是一位致力于美学研究的修道士，之后，列奥纳多·达·芬奇（Leonardo Da Vinci）证明了这一论说，并在前人的基础上创造了"黄金比例"这一术语。然而，1835年，马丁·欧姆（Martin Ohm）在其《纯初等数学》（*Pure Elementary Mathematics*）一书中才首次使用了这一概念。

　　神秘的黄金比例有很多名称，诸如黄金比率或神圣比例、黄金平均值、黄金比例、黄金数字、黄金分割或切割等。在数学符号中，黄金比例用符号 τ（希腊语第 19 个字母）来表示，意为"切割"，较为常见的是用 Φ 或 ϕ（希腊语第 21 个字母）来表示，这是希腊雕刻家菲狄亚斯（Phidias）名字的首字母，因为他在建造帕特农神殿（Parthenon）时使用了黄金比例。那么这种高深莫测的切割到底是什么？为什么它充满着无限魅力？哲学家们提出了一个永恒的问题：如何从一到多。分离或分割的本质是什么？是否有一种方法可以让部分与整体保持一种有意义的关系？

　　柏拉图（Plato，公元前 427—前 347）在《理想国》中用寓言的方式提出这个问题，让读者"画一条线段并将其分为不相等的两部分"。毕达哥拉斯哲学认为，沉默是无法揭示神秘事物的秘密，柏拉图受其思想影响提出了一些问题，以期达到抛砖引玉的目的。那么，为什么他用一条线段，而不用数字呢？为什么他让我们把线段切分为不相等的两部分呢？

　　要回答柏拉图的问题，首先我们必须理解比率和比例这两个概念。

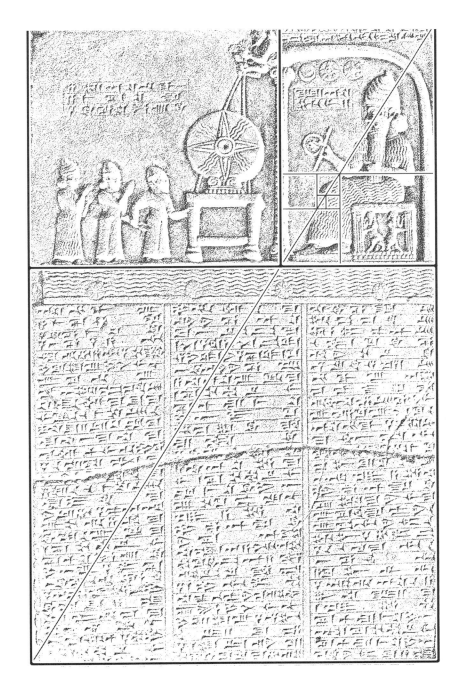

比率、平均值和比例 / 连续等比
RATIO, MEANS & PROPORTION
CONTINUOUS GEOMETRIC PROPORTION

比率（逻各斯）是指一个数字与另一个数字之间的关系，例如 $4:8$（即 4 比 8），而比例（类比）是指两个相等的比率，通常包含四个项，比如 $4:8=5:10$（即 4 比 8 等于 5 比 10）。毕达哥拉斯学派称其为含有四个项的不连续比。这个比例的不变量比率是 $1:2$，$1:2$ 又等于 $4:8$ 和 $5:10$。如果把比率与两项对调，即 $4:8$ 对调为 $8:4$，这时不变量比率（比例常数）就是 $2:1$。

在两项比率和四项比例之间的就是三项连比，其中中项与第一项的比等于最后一项与中项的比。两个数间的等比中项等于它们积的平方根。例如 1 和 9 的等比中项是 $\sqrt{(1\times9)}=3$。这种等比中项关系可以用 $1:3:9$ 表示，或者反过来表示为 $9:3:1$。它也可以用更完整的比例 $1:3=3:9$ 表示，这个比例的比例常数是 $1:3$。3 就是这个比例的等比中项，它将两个比率连接起来，这就是毕达哥拉斯学派所说的三项连续等比。

柏拉图（Plato）认为连续等比是连接宇宙世界意义最深远的纽带。他在《蒂迈欧篇》（*Timaeus*）一书中，通过 1，2，4，8 和 1，3，9，27 数列，解释了世界的结构形式——世界灵魂凝聚成一个谐波共振，可理解的形式世界（包括纯数学）在上，有形的物质世界在下。由此形成了不断延伸的连续等比，即 $1:2=2:4=4:8$，以及 $1:3=3:9=9:27$（见第 005 页）。

比率：a 和 b 两个数字间的关系

a 与 b 的比率　　　　　　　　　　　　　　　　$a:b$ 或 a/b

反比例　　　　　　　　　　　　　　　　　　　　　$b:a$ 或 b/a

平均值：b 与 a 和 c 间的关系

a 与 c 的等差中项 b　　　　　　　　　　　　　$b = \dfrac{a-c}{2}$

a 与 c 的调和中项 b　　　　　　　　　　　　　$b = \dfrac{2ac}{a+c}$

a 与 c 的等比中项 b　　　　　　　　　　　　　$b = \sqrt{ac}$

比例：两个比率间的关系

不连续的（四项）　　　　　　　　　　　连续的（三项）

$a:b = c:d$　　　　　　　　　　　　　　$a:b = b:c \Longrightarrow a:b:c$

如，$4:8 = 5:10$ 的不变量比率为 $1:2$　　注意：b 是 a 与 c 的等比中项

柏拉图的世界灵魂

不断延伸的连续等比

$1:2 = 2:4 = 4:8$　　　　　　　　　　　$1:3 = 3:9 = 9:27$

不变量比率 $1:2$ 或 $1/2$　　　　　　　　不变量比率 $1:3$ 或 $1/3$

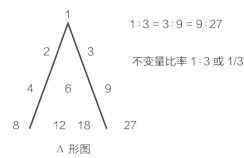

Λ 形图

柏拉图分割线 / 明确分割点
PIATO's DIVIDED LINE
KNOWING PRECISELY WHERE TO CUT

那么，为什么柏拉图要求我们把一条线段切分成不相等的两部分？这就是我们的疑惑所在。如果把线段平均切分，整体与部分之比为 2∶1，两个相等的部分就是 1∶1。结果是两个比率不相等，所以也就不存在什么比例了！

只有一种方法可以用简单的比率构成比例，那就是通过黄金分割来完成。柏拉图希望人们能够注意到一种特殊的比率，即整体与较长部分之比等于较长部分与较短部分之比。柏拉图清楚这个特殊的比率将会产生他所最钟爱的自然纽带，即连续等比。其比例反转也成立，即较短部分与较长部分之比等于较长部分与整体之比。

为什么要用一条线段去切割，而不是简单地使用数字呢？因为柏拉图发现，这个答案是一个无理数，它可以用几何学在线段上表示出来，但不能用简分数表示。如果用数学方法解决这个问题，设该线段较长部分为单位 1，那么我们会发现较大的黄金分割值为 1.6180339…（整体与较长部分的比值），较小部分的黄金分割值则为 0.6180339…（较短部分与较长部分的比值）。我们分别把 Φ（fye）称作较大的黄金分割比，把 φ（fee）称作较小的黄金分割比。值得注意的是，它们的乘积和差都是单位 1。此外，较大的黄金分割比的平方为 2.6180339，或者 Φ+1。我们也注意到它们是互为倒数的，即 φ 是 1/Φ。

在本书中，我们把较大的黄金分割比统称为 Φ，较小的黄金分割比称为 1/Φ，其几何平均值称为单位 1。

注意（下图从左到右）：单位 1 分别设为整条线段、线段的较长部分或线段的较短部分。

平面上的黄金比例 / 五角星形和黄金矩形
PHI ON THE PLANE
PENTAGRAMS AND GOLDEN RECTANGLES

　　除了单维线段上的黄金比例之外，二维平面上也不难发现有黄金比例的存在。

　　首先，我们一起来看一个正方形，以其底边中点为中心，到正方形上角为半径朝下画一条弧线，就很容易得出一个较大的黄金矩形（下图左）。重要的是，我们在正方形一侧添加的小矩形也是黄金矩形。重复上述步骤，可以得到一对较小的黄金矩形（第009页左上图）。相反，从一个黄金矩形中删除一个正方形会形成一个较小的黄金矩形，无限循环这个过程，就可以得到一个黄金螺旋线（第009页右下图）。

　　正如我们所见，黄金比例与其他比例不同，它可以使部分与整体统一起来，五角星形（第009页左下图）的自然几何图形被誉为生命的象征，它与黄金比例是密不可分的。五角星形的任意一个交点切割形成的线段，彼此之间都存在着黄金比例关系。五角星形的一个角还可以形成另一种黄金螺旋，呈现出一连串不断增大或不断缩小的黄金三角形（第009页右上图）。

　　一条线段的黄金分割可以在该线段上画一个双正方形来实现，如右下图。

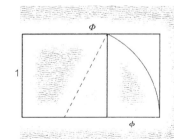

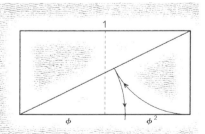

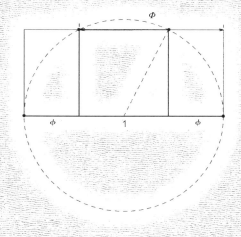

一个正方形衍生出的小黄金矩形和大黄金矩形

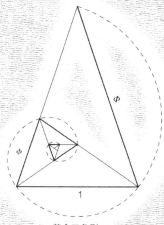

黄金三角形

在平面图上对黄金比例的基本操作，展示出了黄金矩形、黄金三角形的特点，以及五角星形的对角线与其外围五边形的边之间的 φ：1 关系。看看你能否解答下图中的两个未给出答案的问题。

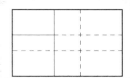

移除正方形

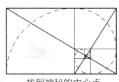

用懒人黄金分割法画出一个网格

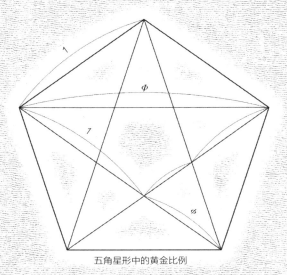

五角星形中的黄金比例

找到神秘的中心点

斐波那契数列／黄金比例的基石
THE FIBONACCI SEQUENCE
STEPPING STONES TO GOLD

　　大自然通过一系列非常简单的整数很好地表达了黄金比例。令人惊讶的斐波那契数列是：0，1，1，2，3，5，8，13，21，34，55，89，144，233，377，…以此类推，其中，每一项数字都是前两项数字相加之和，它们之间也存在倍数关系，前一项与后一项的比值约等于黄金分割的数值ϕ，随着数列项数的增加，其比值就越逼近黄金分割ϕ。反过来，任意一项数字与前一位数字项的比值都约等于Φ，该比值大于或小于Φ的情况交替出现，但永远都接近这个神圣的比值（见第011页右下图）。斐波那契数列的每一项都约等于其相邻两个数字的等比中项（参见卡西尼公式，第054页）。

　　尽管官方后来认可了这一数列，但该数列似乎早已被古埃及人和希腊的学者所熟知。在19世纪，爱德华·卢卡斯（Edouard Lucas）最终将该数列以意大利比萨城的列奥纳多（Leonardo，1170—1250）命名，该数列又叫斐波那契（波那契之子）数列，因为他用该数列解决了关于兔子在一年的时间里繁殖多少的问题（见第011页右中图），该数列也因此而名扬天下。

　　人们发现，在蜜蜂谱系图、股市大盘、飓风云图、自组织的DNA核苷酸中，以及化学中的二氧化铀化合物U_2O_5、U_3O_8、U_5O_{13}、U_8O_{21}，以及UO_2与UO_3的中间物$U_{13}O_{34}$都能发现斐波那契数列。

　　一只海龟的背壳上有13个角板，中间有5个，边上有8个，每个爪子上有5个指头，脊椎骨有34节。加蓬蛇有144块椎骨，鬣狗有34颗牙齿，海豚有233颗牙齿。很多蜘蛛有5对四肢，每肢有5节，腹部分为8个部分，由蜘蛛的8条腿来支撑。

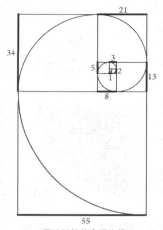

斐波那契黄金螺旋线

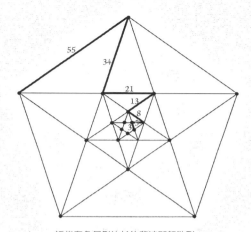

近似五角星形边长的斐波那契数列

0 +1 = 1	1/1 = 1	1/1 = 1
1 + 1 = 2	2/1 = 2	1/2 = 0.5
1 + 2 = 3	3/2 = 1.5	2/3 = 0.6666
2 + 3 = 5	5/3 = 1.6666	3/5 = 0.6
3 + 5 = 8	8/5 = 1.6	5/8 = 0.625
5 + 8 = 13	13/8 = 1.625	8/13 = 0.6154
8 + 13 = 21	21/13 = 1.6154	13/21 = 0.6190
13 + 21 = 34	34/21 = 1.6190	21/34 = 0.6176
21 + 34 = 55	55/34 = 1.6176	34/55 = 0.6182
34 + 55 = 89	89/55 = 1.6182	55/89 = 0.6180
55 + 89 = 144	144/89 = 1.6180	89/144 = 0.6181

每项都是前两项之和

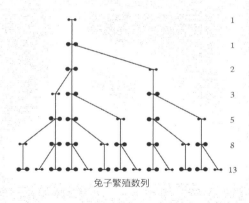

兔子繁殖数列

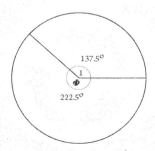

黄金角: 360° /Φ^2

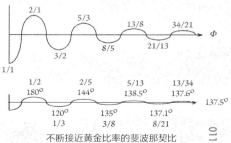

不断接近黄金比率的斐波那契比

叶序模式 /叶子在茎干上的排列方式
PHYLLOTAXIS PATTERNS
LEAVES ON A STEM

　　叶序研究作为 19 世纪一门新兴的科学，其研究范围已经扩展到向日葵种盘的螺线模式、雏菊的花瓣模式、松果鳞片的排列模式、仙人掌的着生面模式，以及植物中所展示的其他叶序模式。15 世纪，达·芬奇（Da Vinci, 1452—1519）发现叶子通常是螺旋状排列。随后开普勒（Kepler, 1571—1630）发现大部分野花呈现为五个花瓣，而且其叶序与斐波那契数列相吻合。

　　1754 年，瑞士自然学家查尔斯·邦尼特（Charles Bonnet）杜撰了 phyllotaxis（叶序）一词，该词是由希腊语 phullon（叶子）和 taxis（排列）组合而成。申佩尔（Schimper, 1830）提出了发散角概念，他称其为"基因"螺旋，并在其中发现了简单的斐波那契数列。布拉菲（Bravais, 1837）兄弟发现了晶体点阵和叶序的理想发散角：$137.5° = 360°/\Phi^2$。

　　丘奇（Church）绘制的简图（见第 013 页顶行）展示了螺旋叶序的主要特征。随着种子顶部开始发芽，便形成了 137.5° 角度的新原基。在顶行第 7 个小图中我们可以发现连接生长过程的阿基米德螺线。下面的简图（斯图尔特绘图）展示了分别按 137.3°，137.5° 和 137.6° 绘制的原基。角度越精确绘制出的图形就越完美。

螺旋叶序：阿基米德螺线或费马螺线，每137.5°形成一个新原基。

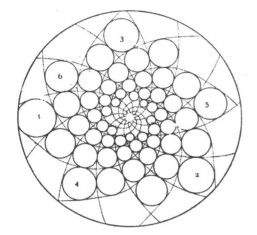

13：8 叶序：即单向是 13 个螺旋线，另一旋向是 8 个螺旋线，被称为斜列线。

34：21 叶序：用圆点表示数目更小高度弯曲的螺旋线。

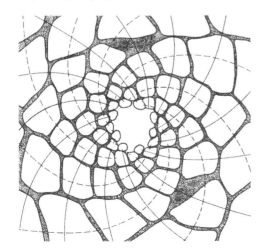

智利南美杉树切面的 13：8 螺旋叶序。

向日葵种盘表现出的 34：21 的螺旋叶序。

多样性背后的规律 / 她爱我还是不爱我
ORDER BEHIND DIVERSITY
SHE LOVES ME, SHE LOVES ME NOT

　　尽管叶子的生长方式看似无穷无尽，丰富多彩，但是在大自然中，叶片在茎干上的排列只有三种基本方式：第一种是对生，比如玉米的叶子；第二种是互生或轮生，如薄荷叶；第三种是最常见的螺旋形叶序（在 25 万种不同高等植物中，这种排列方式约占 80%），这种叶序相邻两枚叶子之间的发散（旋转）角只有数个值，这些值很接近斐波那契序列，角度近似于黄金角度 137.5°，这种叶序类型有助于光合作用，每片叶子能最大限度地接受阳光和雨水，有效地为根部提供水分，这种排列方式也是昆虫授粉的最佳模式。

　　向日葵种盘呈现出反向螺旋排序，通常表现为相邻的斐波那契数列，一般为 55:34（1.6176）或 89:55（1.6181）。松果鳞片的数列通常是 5:3（1.6666）或 8:5（1.6）。洋蓟（又名法国百合、菜蓟、朝鲜蓟）同样表现为单向 8 个螺旋线，另一方向为 5 个螺旋线。菠萝有三种螺旋线形式，其螺旋线数通常分别为 8、13 和 21（下图），其中 21:13:8 约等于 Φ : 1 : 1/Φ，而 21:13（1.6153），13:8（1.625）和 21:8（2.625）的比值，则接近 Φ^2 或 Φ+1。同样，褪色柳柳枝上每 5 个螺旋就会有 13 个树芽。

　　下一次当你在公园、森林、乡下或沿着小径漫步时，可以花点时间观察一下雏菊上的花瓣，数一数松果上的螺旋，记录一下褪色柳上的树芽。

8 个斜螺旋　　5 个斜螺旋　　13 个中间螺旋　　8 个竖螺旋　　21 个竖螺旋

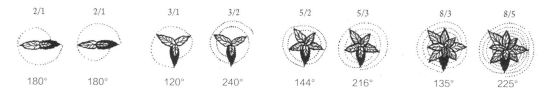

2/1	2/1	3/1	3/2	5/2	5/3	8/3	8/5
180°	180°	120°	240°	144°	216°	135°	225°

源自斐波那契数列的简单叶序——在不同情况下为 $a:b$，b 圈螺旋上有 a 片叶子，意味着叶子的发散角是 $(b/a)360°$。随着 a 和 b 的增加，发散角接近 $137.5°$ 和 $222.5°$。

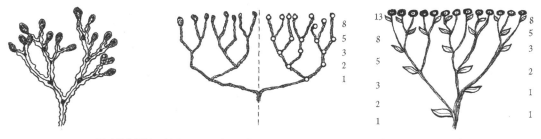

一种叶状体褐藻（左图），用示意图（中图）显示出斐波那契数列的分叉数量。珠薯（右图）茎干和叶子数量的多少也符合斐波那契数列。

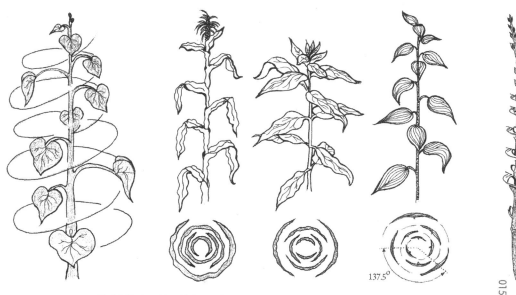

三种叶序类型：对生、轮生和螺旋叶序（鲍尔绘图），图的两侧植物是斐波那契螺旋的样本。左边的植物 5 个螺旋中有 8 片叶子，右边的褪色柳每 5 个螺旋就会有 13 个树芽。

神奇的卢卡斯数列／无理数构成完美的整数
LUCAS NUMBER MAGIC
INTEGERS PERFECTLY FORMED FROM IRRATIONALS

除了斐波那契数列，大自然偶尔也会采用另一种数列，即以爱德华·卢卡斯（Edouard Lucas）命名的数列。卢卡斯数列(2，1，3，4，7，11，18，29，47，76，123，199，…)与斐波那契数列相似，它们都服从于两种递推关系：第一，每一项都是前两项相加之和；第二，每一项都约等于前一项乘以模数Φ。事实上，任何递增的数列都集中于黄金比例，斐波那契数列和卢卡斯数列恰好都符合这一点。需要注意的是，前四个整数（构成四元体的基础，见第054页）都是卢卡斯数列中的数字。

卢卡斯数列令人着迷的是，它们是由Φ及其倒数$1/\Phi$的黄金数幂值交替相加和相减而构成，即两个无理数部分相加或相减构成的整数（见第017页上图）。这些整数不是近似值，而是绝对精确的整数！这个绝妙的规律也可运用于斐波那契数列的建构当中（见第017页下图）。令人不可思议的是，经验证所有整数都可以由黄金分割不同幂值之间的关系来构建，这为我们提供了一种引人入胜的数学建构新方法：整数隐藏着本身构成的黄金数幂值。

与斐波那契数列一样，向日葵种盘的叶序中有时也会发现卢卡斯数列（尽管较为罕见）的存在（在有些物种中比例有时高达1/10），同样，在某些香柏、水杉、香脂树和其他物种中也能发现卢卡斯数列。

一般来说，在所观察的叶序植物中，符合卢卡斯扩张角 99.5°= 360°/$(1+\Phi^2)$ 的占 1.5%，相比之下，符合斐波那契扩张角的则占 92%（见英文扉页）。

卢卡斯数列

0	$2 = \Phi + 1/\Phi^2$	$= 1.61803398\cdots + 0.38196601\cdots$
1	$1 = \Phi - 1/\Phi$	$= 1.61803398\cdots - 0.61803398\cdots$
2	$3 = \Phi^2 + 1/\Phi^2$	$= 2.61803398\cdots + 0.38196601\cdots$
3	$4 = \Phi^3 - 1/\Phi^3$	$= 4.23606797\cdots - 0.23606797\cdots$
4	$7 = \Phi^4 + 1/\Phi^4$	$= 6.85410196\cdots + 0.14589803\cdots$
5	$11 = \Phi^5 - 1/\Phi^5$	$= 11.09016994\cdots - 0.09016994\cdots$
6	$18 = \Phi^6 + 1/\Phi^6$	$= 17.94427191\cdots + 0.05572808\cdots$
7	$29 = \Phi^7 - 1/\Phi^7$	$= 29.03444185\cdots - 0.03444185\cdots$
8	$47 = \Phi^8 + 1/\Phi^8$	$= 46.97871376\cdots + 0.02128623\cdots$
9	$76 = \Phi^9 - 1/\Phi^9$	$= 76.01315561\cdots - 0.01315561\cdots$
10	$123 = \Phi^{10} + 1/\Phi^{10}$	$= 122.9918693\cdots + 0.0081306\cdots$
11	$199 = \Phi^{11} - 1/\Phi^{11}$	$= 199.00502499\cdots - 0.00502499\cdots$

$$7 = G^4 + L^4$$

G^4	L^4
6	0
8	1
5	4
4	5
1	8
0	9
1	8
9	0

卢卡斯数列：偶数项由 Φ 与 $1/\Phi$ 的幂值相加构成，奇数项是通过两个幂值相减得到。注意奇数项小数部分完全减去的方法。

数字 7 是由 Φ 和 $1/\Phi$ 的四次方相加构成。注意 Φ 和 $1/\Phi$ 相加得 9 的方法。

斐波那契数列

2	$1 = \dfrac{\Phi^2 + 0}{\Phi^2}$	$= \Phi^0 + 0/\Phi^2$	$= G^0$	$= 1$
3	$2 = \dfrac{\Phi^3 + 1}{\Phi^2}$	$= \Phi^1 + 1/\Phi^2$	$= G^1 + L^2$	$= 1.61803398\cdots + 0.38196601\cdots$
4	$3 = \dfrac{\Phi^4 + 1}{\Phi^2}$	$= \Phi^2 + 1/\Phi^2$	$= G^2 + L^2$	$= 2.61803398\cdots + 0.38196601\cdots$
5	$5 = \dfrac{\Phi^5 + 2}{\Phi^2}$	$= \Phi^3 + 2/\Phi^2$	$= G^3 + 2L^2$	$= 4.23606797\cdots + 0.76393202\cdots$
6	$8 = \dfrac{\Phi^6 + 3}{\Phi^2}$	$= \Phi^4 + 3/\Phi^2$	$= G^4 + 3L^2$	$= 6.85410196\cdots + 1.14589803\cdots$
7	$13 = \dfrac{\Phi^7 + 5}{\Phi^2}$	$= \Phi^5 + 5/\Phi^2$	$= G^5 + 5L^2$	$= 11.09016994\cdots + 1.90983005\cdots$
8	$21 = \dfrac{\Phi^8 + 8}{\Phi^2}$	$= \Phi^6 + 8/\Phi^2$	$= G^6 + 8L^2$	$= 17.94427191\cdots + 3.05572808\cdots$

就像卢卡斯数列一样，斐波那契数列也可以由黄金比例的不同幂值构成。注意在方程中重复出现的斐波那契数列——通过重复使用相同的方法，可以使得这些数字整合成黄金比例的不同幂值项。

生物界的黄金比例 /绝妙的生命交响曲
ALL CREATURES
THE DIVINE SYMPHONY OF LIFE

  大自然美不胜收，包罗万象。植物、树木、昆虫、鱼类、犬类、猫科、马匹以及孔雀都在对称与不对称之间尽显诗意般的相互作用。这些黄金比例关系往往通过黄金矩形展示出来（见第 019 页甲壳虫和鱼类，多兹绘图），然后还可以将这些黄金矩形切割成不同的正方形和较小的黄金矩形。这种切分仍然保持了原有整体比例的自相似特征，也就是说，其中仍可反映出对称比例 $\Phi:1:1/\Phi$，我们称之为神圣的黄金比例。正如舒瓦勒·卢比茨（Schwaller de Lubicz）在《人间庙宇》（*The Temple of Man*）中所阐述的，"所有运动的动力以及所有的形式均来源于 Φ。"

  自然界中的五角星形状极为普遍，这也许是由于五角形和五角星形（见第 019 页上图和中图，科尔曼绘图）中所蕴含的和谐黄金比例关系。许多海洋生物，如海星就呈现出五角形的形状。还有如西番莲花，其形态呈现为十角形，即一个五角形重叠在另一个五角形之上。

  即使是生命的重要基石如氨（NH_3）、甲烷（CH_4）和水（H_2O），也都含有内键角，这些键角很接近五边形的内角 108°。

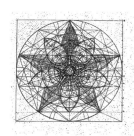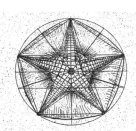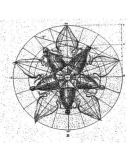

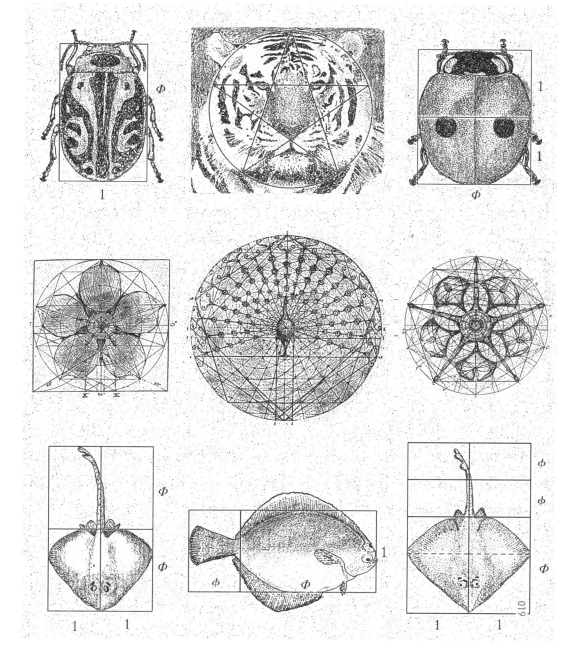

人体的黄金比例 / 不可思议的人体
PHI IN THE HUMAN BODY
IN THE IMAGE OF THE DIVINE

　　20 多年来，我一直在课堂上对我的学生进行测量实验，发现他们的身高与肚脐的位置有关。测试是为了发现肚脐是否真的可以将人体按黄金比例分割，就像古希腊雕塑家波利克里托斯（Polyclitus）论述人体比例的《法则》（Canon）中所提及的那样。然而，多年的研究发现只有部分人的身体有着近乎完美的黄金比例，在对身体比例进行计算时发现，大多数人的比例都非常接近斐波那契整数数列的近似值，尤其是 5∶3 范围的较多，偶尔是 8∶5 的范围。

　　人体周身的确具有黄金比例。人类每根手指的三个骨节就包含黄金比例的关系，手腕将手和前臂按黄金比例进行分割。人的牙齿数量也符合斐波那契数列，在人的一生中，口腔四分之一的牙齿数为 13 颗，分别为儿童时期的 5 颗和成年时期的 8 颗。从儿童到成人阶段人体还有更令人惊讶的比例关系：婴儿的肚脐（代表过去）位于身体的正中央，其生殖器位于黄金分割点，但是，当人体发育成熟，这些点便会彻底发生改变，一个成人，其生殖器成为身体的正中央（代表将来），而肚脐正好在黄金分割点的附近（见第 021 页左下图）。

　　在达·芬奇（Da Vinci）所画的人头像中（见第 021 页右上图），一个黄金矩形包容了整个脸颊，以便于为眼睛、鼻子和嘴巴确定位置。

　　我们从下图中可以看到，德国画家丢勒（Dürer）所画的几张非黄金比例的脸庞。

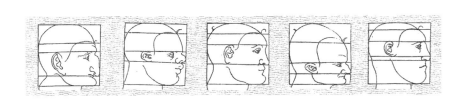

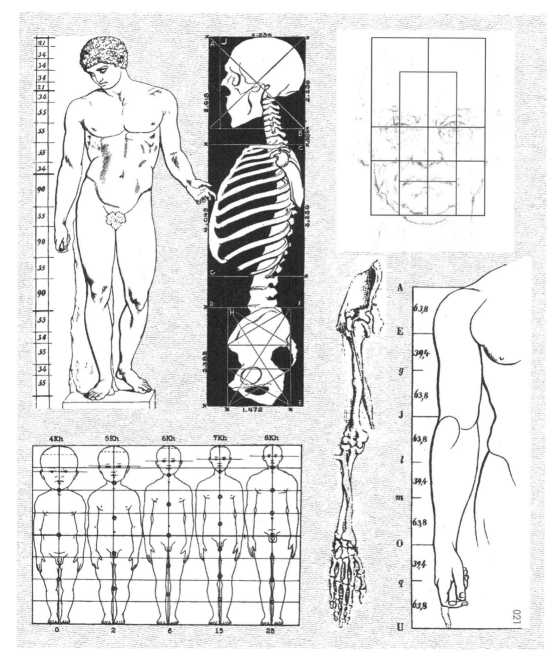

增长与缩小的规律 /透过镜子看本质
GROWTH & DIMINUTION
THROUGH THE LOOKING GLASS

　　大自然中的增长与缩小都是具有周期性和节奏性的运动。古希腊哲学家赫拉克利特（Heraclitus）属于前苏格拉底哲学流派，对柏拉图（Plato）产生过一定的影响，他指出："上升的路和下降的路是同一条路。"我们可以去观察月亮的盈亏、四季的循环、昼夜的更替、潮汐的涨落、心脏的跳动，以及肺部的收缩和舒张。一颗恒星的迅速增长往往伴随着内爆的发生，而生命中有序组织的负熵则是通过无序和死亡的正熵得以平衡。

　　在混沌理论中，黄金分割决定着混沌边界，在此边界中，有序进入无序也摆脱无序（见附录，第058页）。基于简单和经济的需求，自然界似乎需要一个添加和减少的过程，这也同时是一个加、减、乘、除的过程。这一需求完全可通过黄金分割的幂值来满足，事实上也可以通过斐波那契（Fibonacci）和卢卡斯（Lucas）数列近似值来满足。

　　在第023页上面的表格中，请注意如何通过加法和乘法向上增长，以及通过减法和除法向下递减。其支点是数字1，对于较小值的增加和较大值的减少来说，它在黄金比例关系中起着等比中项的作用。

　　就拿一棵橡树为例吧。它从一颗橡子迅速发芽，缓慢生长，逐渐成熟，并将其固定在有限的空间范围之内，成为一个新的相对的个体，亚里士多德称之为生命的原理，即生命成长的形式。就像《爱丽丝梦游仙境》一样，大自然在相对的范围内同时增长和缩小。

"	较大值	平均值	较小值
7	Φ^7	Φ^6	Φ^5
6	Φ^6	Φ^5	Φ^4
5	Φ^5	Φ^4	Φ^3
4	Φ^4	Φ^3	Φ^2
3	Φ^3	Φ^2	Φ
2	Φ^2	Φ	1
1	Φ	1	$1/\Phi$
0	1	$1/\Phi$	$1/\Phi^2$
-1	$1/\Phi$	$1/\Phi^2$	$1/\Phi^3$
-2	$1/\Phi^2$	$1/\Phi^3$	$1/\Phi^4$
-3	$1/\Phi^3$	$1/\Phi^4$	$1/\Phi^5$
-4	$1/\Phi^4$	$1/\Phi^5$	$1/\Phi^6$
-5	$1/\Phi^5$	$1/\Phi^6$	$1/\Phi^7$
-6	$1/\Phi^6$	$1/\Phi^7$	$1/\Phi^8$
-7	$1/\Phi^7$	$1/\Phi^8$	$1/\Phi^9$

↑ 增长：向上增长

减少：向下减少 ↓

左图中黄金数列显示出黄金分割独特且同时兼具加法和乘法的特性。

乘法：
$$G_{n+1}=G_n \times \Phi$$

加法：
$$G_{n+1}=G_n+M_n= G_n+ G_{n-1}$$

除法：
$$G_{n-1} = G_n/\Phi$$

减法：
$$G_{n-1}= M_n= G_n-L_n= G_n- G_{n-2}$$

运用这些方程式可得出较小值和平均值。

每一项既是前两项的总和，同时也是前一项乘以Φ的乘积。所以，$\Phi^4=\Phi^2+\Phi^3=\Phi^2 \times \Phi^2=\Phi^3 \times \Phi$

没有其他数字与这些数字一样，能够同时兼具加法和乘法。

G	M	L
144	89	55
89	55	34
55	34	21
34	21	13
21	13	8
13	8	5
8	5	3
5	3	2
3	2	1
2	1	1
1	1	0

斐波那契数列

G	M	L
322	199	123
199	123	76
123	76	47
76	47	29
47	29	18
29	18	11
18	11	7
11	7	4
7	4	3
4	3	1
3	1	2

卢卡斯数列

斐波那契数列的等比中项近似值在平方根下交替由 + 1 或 −1 计算得出。所以，3 是 2 和 5 的等比中项近似值，如 $\sqrt{(2 \times 5) -1} = \sqrt{9}$，5 是 3 和 8 的等比中项近似值，$\sqrt{(3 \times 8)} +1= \sqrt{25}$。

卢卡斯数列的等比中项近似值是在平方根下交替由 +5 或 −5 计算得出。所以，4 是 3 和 7 的等比中项近似值，如 $\sqrt{(3 \times 7)} -5= \sqrt{16}$；7 是 4 和 11 的等比中项近似值，$\sqrt{(4 \times 11)} +5 = \sqrt{49}$。

指数与螺旋 / 奇妙的曲线家族
EXPONENTIALS AND SPIRALS
AN EXTENDED FAMILY OF WONDERFUL CURVES

在自然界中，磐折形的增长是通过简单的增积来实现的。我们在软体动物中可以看到漂亮的对数螺旋生长线，它们在壳的开口处不断添加新的物质形成螺旋线。重要的是，贝壳的长度和宽度都会增大，但其自身的比例却不会改变。这种增积过程就是最为简单的增长法则，晶体的增长同样也符合这种规律。

从斐波那契数列和五角星形的角（见下图）得出的黄金螺旋，就是对数螺线家族中的一员。这些也称为生长螺线，有时用 spira mirabilis（等角螺线）来表示，即"奇妙的螺旋"。当一个螺旋是对数螺线时，曲线在每个尺度上看起来都是一样的，从圆心画出的任何直线都与该螺旋的角度完全一致。如果你仔细去观察对数螺线，就会发现另一个螺旋线。这些螺线与阿基米德螺线形成对比，阿基米德螺线具有等间距的线圈，就像一条盘绕的蛇或软管一样。

大自然中的叶片和贝壳形状、仙人掌和种子穗叶序、漩涡和星系，都采用了大量不同的对数螺旋线。其中许多可以说大致采用由圆的等分衍生而来的黄金螺旋（见第 025 页图，科茨和科尔曼绘图）。

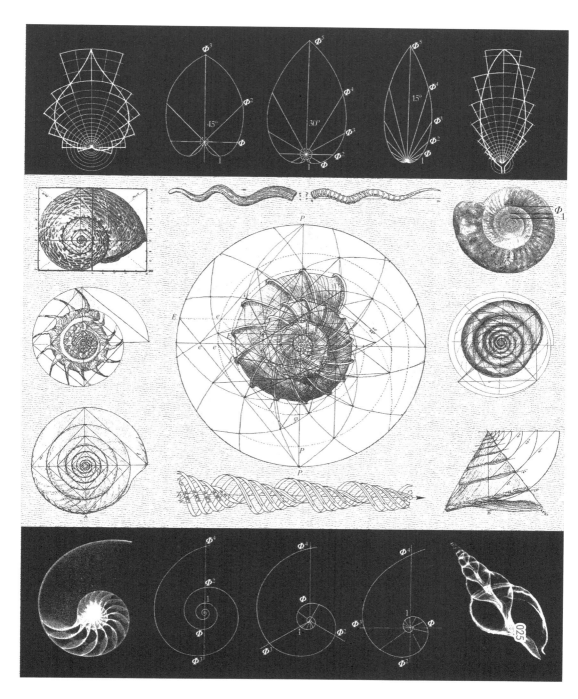

黄金对称 / 不对称中的比例
GOLDEN SYMMETRY
PROPORTION FROM ASYMMETRY

　　大自然向我们呈现出一幅美妙的全息画像，其中较小的部分反映了整体（宇宙）本身。物理学家戴维·玻姆（David Bohm）认识到，结构上的自相似性会把他称之为隐含的"隐缠序"与外部的"显析序"联系或结合起来。他认为："量子互联性的本质特征是整个宇宙包含万物，而每一事物也包含整体宇宙。"

　　正如我们所看到的，整体及其各部分之间的巧妙密切的结合是通过对称比例完成的，尤其是由黄金分割有效形成的比例。这种简单的分割似乎是来自于大自然本身的作用力，分割的各个部分都具有自相似性，而且这种增长过程的分割都是通过黄金螺旋角和斐波那契数列来完成。

　　这就是不对称的推动作用，它是黄金分割的动态能量，是体现生命、形态和意识的动态能量，为有节奏的摆动提供了动力，就如同钟摆的初始推动力一样。约翰·米歇尔（John Michell）的画作"图案"（见第027页）就探索了这个主题。关于可理解的对称性，米歇尔写道："苏格拉底称之为'天堂般的图案'，因为任何人都可以发现，人们一旦发现其中的规律，就可以自己建立起这种模式了。"

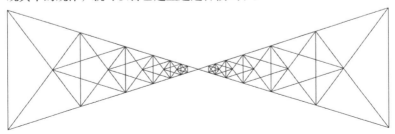

肯定是有人掌握了要点，因为一切都突然开始依序排列。

人类文明中的黄金比例 /
交感魔法 —— 上行下效
PHI IN HUMAN CULTURE
SYMPATHETIC MAGIC — AS ABOVE, SO BELOW

只要认真对各种文化、艺术、建筑、宗教、神话和哲学进行比较研究，通常就会发现，风格与类型的多重性和多样性就像叶序一样，完全由极为简单的普遍原则所决定。柏拉图（Plato）认为，审美的目的不仅仅是复制自然，而是透过表象深入地观察自然，从而以她简单、优美、绝妙的秩序去理解和运用神圣的比率和比例。

关于这一点，普罗提诺（Plotinus，205—270）曾这样写道："先贤们创造了许多庙宇和雕像，寄希望众神显灵，保佑众生，铭记灵魂的本性是最引人注意的，然而，如果有人要建立一种与之相和谐的东西，并能够接受其中的一部分，那么首先最易接受的会是灵魂。那些与大自然交感共鸣的东西，从某种程度上讲就是仿效大自然，就像一面能够捕捉到形态映象的镜子一样。"

15 世纪初期，北京故宫（见第 029 页）的设计师们运用了三个相等、相邻的黄金矩形图囊括了他们的建设工程，其中两个矩形的四周设计了护城河。看看你能否从中找到三个相邻的矩形图。然后，设计者对工地采用"懒人黄金分割"的原则来进一步划分比例。运用"懒人黄金分割"方法，将各正方形内部进行分割，形成更小的黄金矩形，从而产生更多的引导基准线（另见沙玛什表，第 003 页）。

在接下来的 12 页中，我们将更为详细地探讨人类所采用的方式，试图将神圣的自然形态展示或复制到人类环境中去。

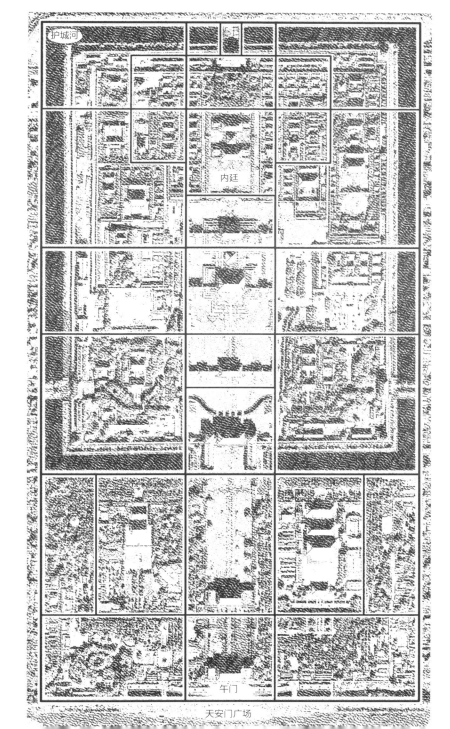

护城河

内廷

午门

天安门广场

远古往昔的黄金比例 /陵墓、寺庙和金字塔
ANCIENT OF DAYS
TOMBS, TEMPLES AND PYRAMIDS

　　就像许多古老的高雅文化一样，古埃及人在其恢宏不朽的金字塔、寺庙和艺术品的建造中，在数字、尺度和谐调比例上都采用了复杂精致的标准。他们所采用的简单比率和网格包括正方形的$\sqrt{2}$对角线、等边三角形的$\sqrt{3}$等分线，以及基于$\sqrt{5}$的黄金分割，该分割可以表现为黄金比例的斐波那契矩形及其纯粹的五边形。在分析哈考里斯教堂（8∶5）和丹达腊黄道十二宫图（5∶3）（见第031页）中，人们发现其中具有斐波那契黄金分割近似值。摩西按照5∶3比率（2.5腕尺×1.5腕尺）建造了约柜。同时人们注意到，在地狱判官神像和令人惊叹的孟卡拉雕像（三个吉萨金字塔中较小的法老建造者）建造中明显采用了五边形分析方法。著名的图坦卡蒙面具也运用了类似的分析方法。

　　在奥尔梅克雕塑（De La Fuente，德拉富恩特）中，以及位于帕伦克（C. Powell，C.鲍威尔）的玛雅神庙与古国城市遗址中均可以找到黄金比例及其斐波那契近似值。5∶3比例的曼陀罗图案（下图中）常常出现在中美洲的雕塑、建筑及法典中（下图左的89号伊萨帕石碑和下图右的52号奥尔梅克纪念碑，取自诺曼）。

　　如果下次去博物馆参观，你就会一睹那些神奇的黄金比例了。

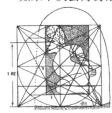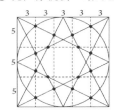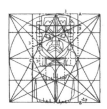

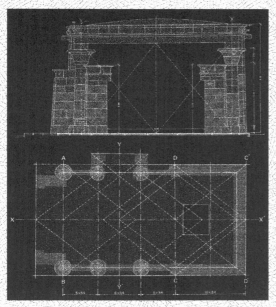

卡纳克哈科利斯神庙的 8∶5 比例是三角形（源自劳弗雷）。

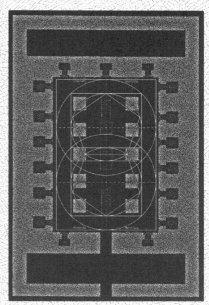

劳勒对奥斯里安的五角形分析。

丹达腊黄道十二宫下面 5∶3 的曼陀罗（源自哈丁）。

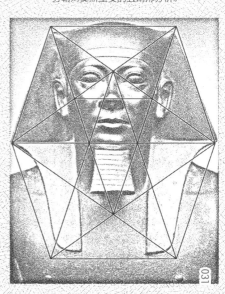

孟卡拉半身像上的五角形几何。

福杯满溢 / 半满还是半空
MY CUP RUNNETH OVER
HALF FULL OR HALF EMPTY

杰伊·汉姆比德吉（Jay Hambidge）认真研究了古埃及和古希腊艺术，以及他列举的植物、贝壳、人类和五种正多面体建筑之后，创立了一种动态对称理论，该理论认为，在整个自然界存在的"形式节奏"中，到处都表现出相同的自相似性增长原理。他坚持认为，这种物力论是在不可通约的线条中发现的，而这些线条在正方形中，即在区域内是可通约的。因此，$\sqrt{2}$，$\sqrt{3}$ 和 $\sqrt{5}$ 的比率成为他研究的核心，在不断缩小的黄金矩形中，在螺旋形旋转当中形成了旋转的正方形，这在他的研究工作中占有一个特殊的地位。

汉姆比德吉对古希腊各种陶器的几何分析在下图和第 033 页图中就有所展示，随后还可以看到他设计的矩形图大全（见附录，第 057 页）。据称，汉姆比德吉发现了一个万能矩形，陶工们都会努力达到他的严格标准，但这并没有减损他的诚信或学术信誉。

这里有一些可以吸取的教训——研究该学科的学者一方面对所有与黄金比例相关的事情过度热情，另一方面，他们会遭到完全的质疑和孤立。

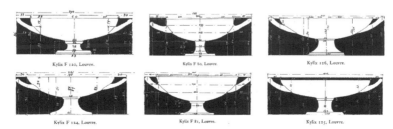

Kylix F 120, Louvre.　　Kylix F 80, Louvre.　　Kylix 126, Louvre.

Kylix F 124, Louvre.　　Kylix F 81, Louvre.　　Kylix 125, Louvre.

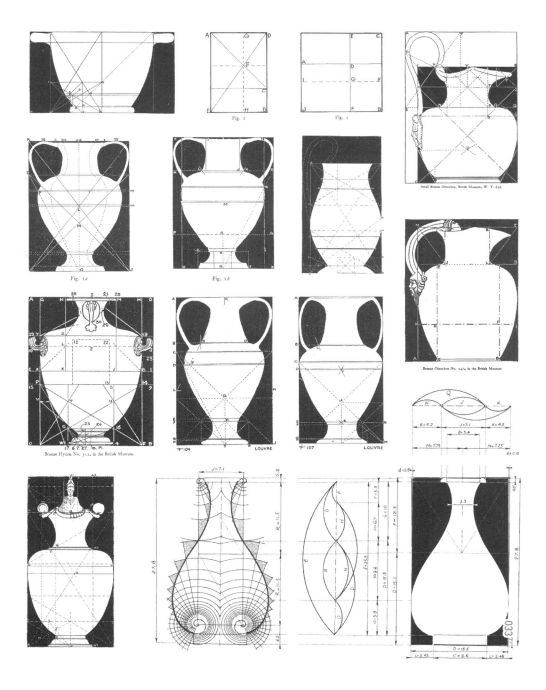

Fig. 2

Fig. 1

Fig. 1 a

Fig. 1 b

Small Bronze Oinochoe, British Museum, W. T. 636

Bronze Hydria No. 312, in the British Museum.

Bronze Oinochoe No. 2474 in the British Museum

F 104   LOUVRE

F 107   LOUVRE

033

迷人的分形 / 无处不在的自洽性
A SACRED TRADITION
OLD WINE IN NEW BOTTLES

　　当耶稣取代阿波罗（Apollo）和赫尔墨斯（Hermes）成为神圣的仲裁者时，古希腊人和古罗马人的哲学以及神圣的数字传统便被详尽地引入到新基督教之中了。早期的教会传统强调救世主的存在，强调对天国的发现，而这些存在于世间神圣的比例之中，也存在于自然界中。亚历山大的克莱门（Clement）把基督教视为"新歌"，就如同新容器盛装"道"的圣酒。

　　《约翰福音》的开篇处就提及"道"（比率或话语）1：1，开篇便写道："太初有道，道与神同在，道就是神。"万物中唯一存在的一个比例就是黄金分割。

　　圣经具有象征意义和寓意意义，只有通过对神圣数字的研究才能完全理解。根据希伯来字母代码科学，耶稣名字 IHΣOYΣ 的代码是888，基督名字 ΧΡΙΣΤΟΣ 的代码是1480，这两个名字的代码数之和是2368。三个名字代码数的黄金比例是3：5：8，其中基督的代码数处于黄金中值。

　　在古罗马和基督教的建筑中，整数比以及几何对角线$\sqrt{2}$，$\sqrt{3}$ 和$\sqrt{5}$再次运用了黄金分割。有例为证（见下图和第035页）。

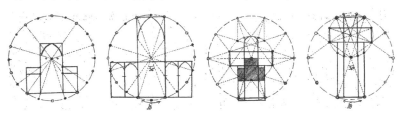

哥特式教堂和大教堂由蒙塞尔设计，采用的是十边形设计分析方法，体现了大量的黄金比例。

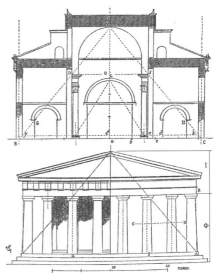

从上图顺时针方向：i）沙特尔大教堂南门上面的浮雕中显示出隐藏的五角形几何图（根据斯德梅德）。ii）君士坦丁大教堂的等边三角形和埃及的 8：5 三角形（维欧勒·勒·杜克）。iii）帕特农神庙采用的 8：5 三角形（维欧勒·勒·杜克）。iv）帕特农神庙的设计图是一个边长为 √5 的矩形，即一个正方形和两个黄金矩形。v）显示出隐藏五角形对称的科林斯式柱头（根据帕拉迪奥）。vi）表现出黄金矩形关系的佛罗伦萨大教堂，该教堂由布鲁内莱斯基设计。

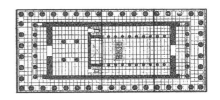

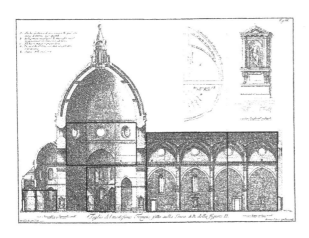

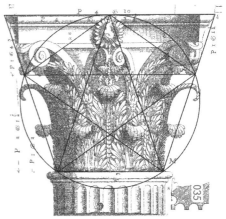

035

绘画中的黄金比例 /达·芬奇画作探秘
PHI IN PAINTING
FURTHER DA VINCI SECRETS

一名画家通过仔细地调整一件艺术品的比率和比例，来确保画作的各部分能够反映整体并与之和谐一致，这样才能创作出体现美学、活力与生命的作品，从而彰显大自然背后的和谐与对称原则。

列奥纳多·达·芬奇的画作《圣母领报》（下图）就像帕特农神殿的平面图（见第 035 页）一样，采用的是一个边框为√5的矩形。运用懒人黄金分割法将这幅画切分成一个大正方形和两个黄金矩形，这两个黄金矩形又可以继续切分成一个小正方形和一个小黄金矩形。这一方法定格了整幅画作的主要区域。事实上，从这里列举的所有例子中可以看到，画作中的地平线都处在黄金分割线的高度上。

艺术家采用 3:2 或 5:3 的矩形，用这种简单的斐波那契近似值来构图是极为常见的。萨尔瓦多·达利（Salvador Dali）的画作《圣礼上最后的晚餐》就是采用 5:3 矩形来构图的案例。

我们可以清晰地看到，黄金比例的不对称性与比例对称性两者的融合给我们所带来的美感。

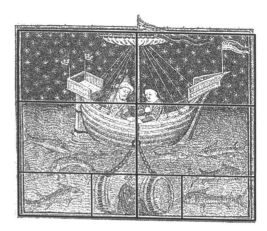

从左上图顺时针方向：i）列奥纳多·达·芬奇的画作《岩间圣母》。ii）《亚历山大探索海底世界》，选自《亚历山大浪漫史》（施耐德绘画）。iii）文森特·梵·高的画作《斯海弗宁恩海滩》。iv）桑德罗·波提切利的画作《维纳斯的诞生》。v）让·科隆博的画作《耶稣的洗礼》。

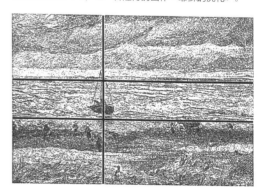

037

旋律与和声 / 寻找丢失的和弦
MELODY & HARMONY
IN SEARCH OF THE LOST CHORD

和声（时间数）是毕达哥拉斯学派研究的四门学科之一，除此之外，还包括算术（纯数）、几何（空间数）和天文（空间与时间数）。而黄金分割是这四门学科共同涉及的一个主题。

在柏拉图哲学的传统理念中，研究音乐黄金比例的意图是通过协调音乐的和声与韵律中所包含的比率和比例，将灵魂从纯粹的观点（信念）中解放出来。该研究允许灵魂进入可理解的知识领域（知识），然后通过数学推理领域（推理）转变成纯粹形式的直觉（认知），即比率本身。

韵律与和声的结构是以比率为基础的。最简单、最悦耳的音程有八度音阶（2:1）和五度音阶（3:2），这些音程恰好是用于黄金分割中的首批斐波那契近似值。此外，该序列还包括大六度（5:3）和小六度（8:5）。音阶本身是一串顺次排列的音级（13:8），令人惊讶的是，如果再加上八度音阶，音乐家便可以在音阶中演奏八个音符，这些音符均取自十三个半音。最后，简单的大调和弦与小调和弦是由音阶的第一、第三、第五和第八个音符组成。

许多作曲家如迪费（Dufay）（见第 039 页顶图，桑达斯基绘图）、巴赫（Bach）、巴尔托克（Bartok）和西贝柳斯（Sibelius），都把黄金分割作为一种创作音乐作品的方法来运用。1925 年，俄罗斯音乐理论家萨巴尼耶夫（Sabaneev）发现，贝多芬（97%的作品）、海顿（97%的作品）、阿连斯基（95%的作品）、肖邦（92%的作品，几乎包括他的所有练习曲）、舒伯特（91%的作品）、莫扎特（91%的作品）、斯克里亚宾（90%的作品）等音乐家的作品中都包含有黄金比例。

迪费大约在 1420 年创作的经文歌前奏 Vasilissa, ergo gaude。

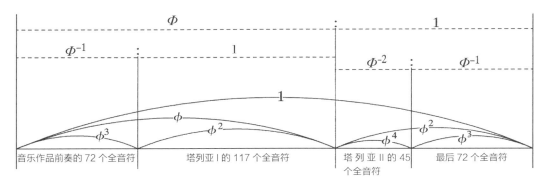

整首基于黄金分割的经文歌结构 Vasilissa。

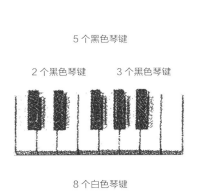

5 个黑色琴键

2 个黑色琴键　　　　3 个黑色琴键

8 个白色琴键

13 个音符构成一个完整的八度音阶

斐波那契数出现在现代音阶中，也出现在纯和声音程之中，如八度音阶 (2：1)、五度音程 (3：2)、大六度 (5：3) 和小六度 (8：5)。

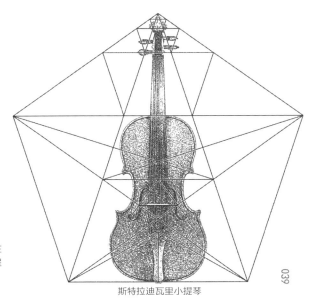

斯特拉迪瓦里小提琴

发光的并不都是金子
ALL THAT GLISTERS
IS NOT GOLD

　　现今，我们习惯把信用卡放在钱包和手提包中以便于使用。大多数信用卡的尺寸为86毫米×54毫米，是一个边长之比非常近似8∶5的矩形，这也是一个符合黄金矩形最为常见的斐波那契数列的近似值。

　　黄金比例有其独特的美学特征，不管从部分到整体都能体现出这些特征，许多现代家居用品的设计都采用了黄金比例，从咖啡壶、盒式录音带、扑克牌、钢笔、收音机、书籍、自行车和计算机显示屏，到桌子、椅子、窗户和门廊等无一例外。黄金比例甚至融入到了文学当中，比如中世纪手稿的页面布局（见第041页右下角图），还有《哈利·波特》故事中长着翅膀的小"金色飞贼"。

　　我们的日常生活中也会有一些其他非常重要的黄金矩形。比如，国际标准纸张的尺寸就模拟采用了黄金分割数列中最完美表达的连续等比 $2∶\sqrt{2} = \sqrt{2}∶1$。如果我们从黄金矩形中剪去一个正方形会得到另一个黄金矩形，将一个 $\sqrt{2}$ 矩形对折会得到两个较小的 $\sqrt{2}$ 矩形。因此，将一张 A3（$2∶\sqrt{2}$）纸对折，就会得到两张 A4 纸（每张为 $\sqrt{2}∶1$）。

　　黄金两脚规是家里常见的一种实用工具（见第041页计算器上面）。黄金两脚规的尺寸大小不一，用它可以在任何你感兴趣的物体上进行黄金分割。相对来说，两脚规比较容易制作：在三根相等的长杆上进行简单的黄金分割即可，在其中两根长杆上标记出黄金分割点，并在标记处打孔，然后将第三根从标记处断开。观察所示图例，将四个点固定住，把端头削尖，一个黄金两脚规就制作完成了。

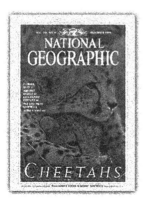

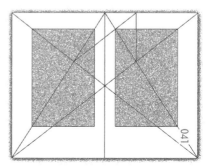

黄金圣杯 / 根数的结合
THE GOLDEN CHALICE
A MARRIAGE OF ROOTS

　　柏拉图曾说过，学习即回忆。老师在这个过程中扮演着助产师的角色，通过与学生的密切交流，传递知识的火炬，点燃知识的火焰，激发与生俱来的思想。而对一幅图画的思考则有助于这一过程。

　　下图的构图演示了如何推导出直角三角形的斜边 $\sqrt{3}$，以及两个直角边 Φ 和 $1/\Phi$。黄金圣杯［见第 043 页图（v）］就是把 $\sqrt{3}$ 这一事实与两个直角边 $\sqrt{\Phi}$ 和 $1/\Phi$ 衍生的 $\sqrt{2}$ 结合在一起。克里奇洛（Critchlow）绘制的凯洛斯图［见第 043 页图（vi）］就是通过一个圆和一个边长为 $\sqrt{3}$ 的等边三角形导出一个五角星形（含有 Φ 和 $1/\Phi$ 的两个边）。所有这些结果准确无误！

　　克里奇洛所关心的是神圣几何学中的定性和伦理问题，他写道："我们生活在一个不确定的二元世界，呈现出'自我'和'他人'的二元特征，然后到达我们称之为'关系'的成熟时期。这表明世界本身是真实的统一体，我们可以通过人与人、人与环境关系中的'中庸之道'（这里指黄金分割）来实现。在凯洛斯图中，黄金分割将三位一体的等边三角形与象征生命的五角星联系了起来。"

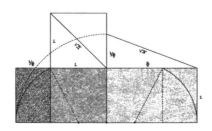

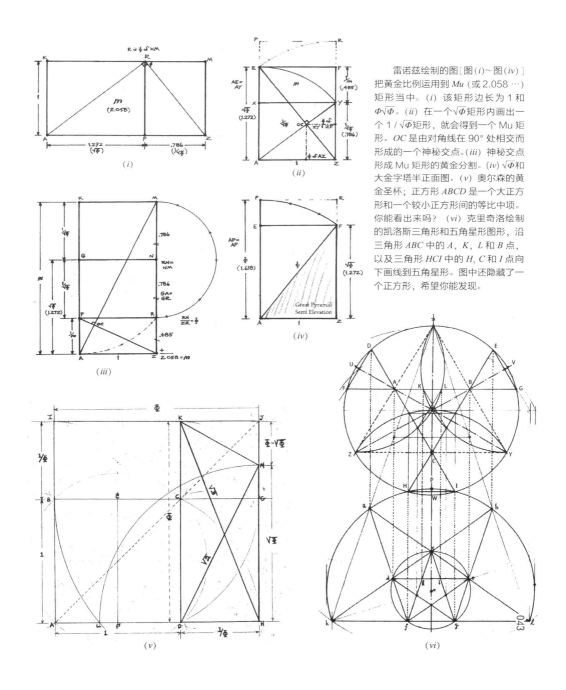

雷诺兹绘制的图［图(i)～图(iv)］把黄金比例运用到 Mu（或 2.058 …）矩形当中。(i) 该矩形边长为 1 和 Φ√Φ。(ii) 在一个 √Φ 矩形内画出一个 1/√Φ 矩形，就会得到一个 Mu 矩形。OC 是由对角线在 90° 处相交而形成的一个神秘交点。(iii) 神秘交点形成 Mu 矩形的黄金分割。(iv)√Φ 和大金字塔半正面图。(v) 奥尔森的黄金圣杯；正方形 ABCD 是一个大正方形和一个较小正方形间的等比中项。你能看出来吗？(vi) 克里奇洛绘制的凯洛斯三角形和五角星形图形，沿三角形 ABC 中的 A，K，L 和 B 点，以及三角形 HCI 中的 H，C 和 I 点向下画线到五角星形。图中还隐藏了一个正方形，希望你能发现。

(i)

(ii)

(iii)

(iv)

(v)

(vi)

黄金多面体 / 水、乙醚和宇宙
GOLDEN POLYHEDRA
WATER, ETHER AND THE COSMOS

　　黄金分割在三维空间结构中起着至关重要的作用，在二十面体及其对偶的十二面体（第045页右下角图）中尤为重要，而十二面体就是通过二十面体各侧面的中心构成的。二十面体内的矩形具有 $\Phi:1$（或 $1:\Phi$）比例的边长（见下图左和第045页顶部立方体图内）。十二面体中的矩形边长比是 $\Phi^2:1$（或 $1:\Phi^2$）（第045页底部立方体图内）。二十面体嵌套在八面体内，它的分割边长比为 $\Phi:1$（下图中）。开普勒、达·芬奇（第045页）和雅姆尼策尔（Jamnitzer，1508—1585）（扉页左边图）早期的精美绘图，凸显出了他们对5种柏拉图多面体和13种阿基米德多面体中 Φ 和根数关系的迷恋与追求。

　　接下来我们来聊一聊截角二十面体（第045页右上图）这个话题，如今我们称之为 C_{60} 结构，或者称其为普通足球的拼皮结构；该多面体中截出的矩形边长比为 $3\Phi:1$。此外，三十二面体（第045页左上图）的半径与边长比为 $\Phi:1$，菱形三十面体（第045页左下图）由三十个 $\Phi:1$ 的菱形构成。

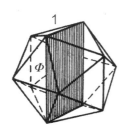

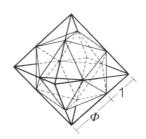

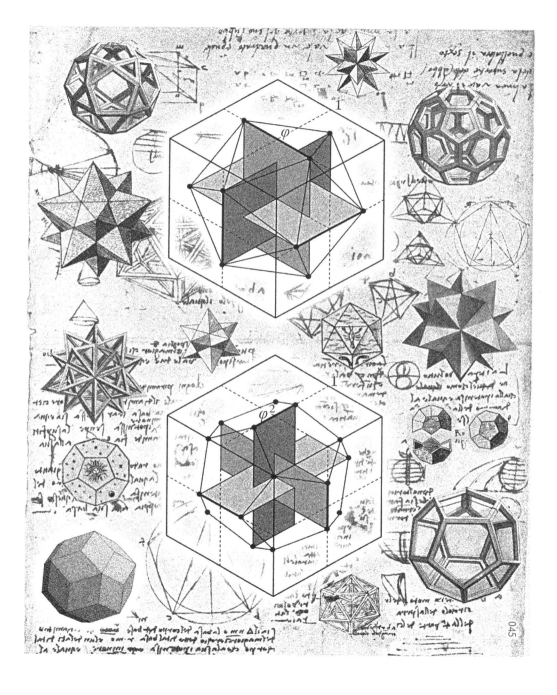

宇宙中的黄金比例／阿佛洛狄忒的金色之吻
PHI IN THE SKY
APHRODITE'S GOLDEN KISS

　　神奇的黄金比例不仅仅在微观世界和人工小宇宙中大行其道，展露无遗。黄金比例在太阳系中也比比皆是，不可思议的是，黄金比例似乎特别频繁地出现在地球周围。例如，地球和水星的相对物理尺度和相对平均轨道之比都是 $\Phi^2:1$，或者说，与一个五角星形很相似，其精确度达到了99%（见第047页左上图）。

　　然而，没有什么比地球与我们最近的行星——金星之间的关系更奇特的了，因为金星每8年就会绕着地球画上一个美丽的五瓣玫瑰图案。地球上的8年相当于金星的13年，斐波那契数列的项为13:8:5，在这里似乎把空间和时间连接在一起了。此外，金星的近地点和远地点（距离地球最近和最远的距离）被确定为 $\Phi^4:1$，精确度达到99.99%，如图所示为两个嵌套在一起的五角星形（见第047页，马蒂诺绘图）。

　　木星和土星是两颗最大的行星，也与地球之间有着完美的黄金比例。木星、土星和地球都要绕太阳公转，一年后，地球会回到它开始的地方，而土星不会移动很远，12.85天后，地球恰好处于土星和太阳之间，20.79天后，就会发现地球位于太阳和木星之间。这样一来，这些旋转坐标系中的观测数据就在时空中产生了，而且与 $1:\Phi$ 相关，准确度达到99.99%（理查德·希思绘图）。

　　保罗·戴维斯（Paul Davies）发现，无论它们是否已成为暗能量星体，都会遨游宇宙之中，当旋转黑洞质量的平方与其旋转参数（旋转速度）的平方之比等于 Φ 时，其负比热容就会变成正比热容。

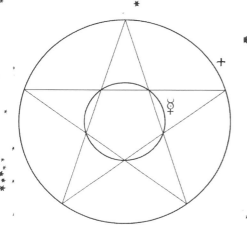

　　两个嵌套在一起的圆表明，地球和水星的相对平均轨道接近 Φ^2：1。两个行星尺度的比率也竟然一样！

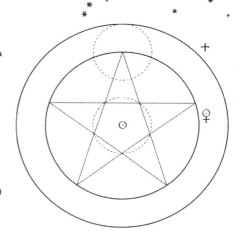

　　一种绘制地球和金星平均轨道的方法。这两颗行星以平均距离（$\Phi+1/\Phi^2$）：1 的比例绕太阳运行。

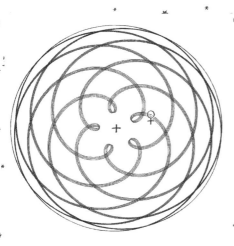

　　金星每八年（或金星十三年）绕地球运行，形成美丽的五瓣玫瑰图案。

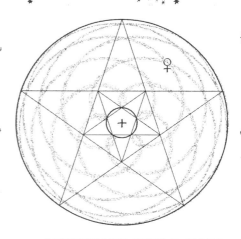

　　金星距离地球的远地点和近地点，即金星处于太阳之前和之后时，其比率恰好是 Φ^4：1。

共振和意识／佛陀、萨满师和微管
RESONANCE & CONSCIOUSNESS
BUDDHAS, SHAMANS AND MICROTUBULES

　　意识是人类最大的奥秘之一。意识就像生命本身（见第 049 页中间，帕布罗·阿马林诺绘制的五角形花）一样，也许来自于上帝（整体）与自然（部分）之间的共振，由于意识状态更具包容性，黄金比例中令人惊讶的分形特征会对其做出精妙的调整。

　　彭罗斯（Penrose，五边形瓷砖的发明者，见下图和第 049 页）和汉莫洛夫（Hameroff）确信，意识是通过微管的量子力学来呈现。那么，意识很可能存在于几何结构本身当中，也可能存在于 DNA、微管与网格蛋白的黄金比例之中（见第 049 页，格雷戈里绘图）。微管是细胞结构和运动的基础，由 13 种微管蛋白组成，以 8 : 5 的叶序形式排列。网格蛋白位于微管顶端，是截顶的二十面体，极为符合黄金比例。也许它们就是萨满师在神圣的意识状态下，所看到的巨蛇口中的几何宝石。甚至 DNA 也展现出一个 Φ 共振。每一个双螺旋结构都适合 34 : 21 斐波那契数列比例的矩形测量，其分子的横截面呈现出十边形状。

　　佛陀说："肉体即眼睛。" 在 Φ 引导的量子相干性状态下，人们可以通过宇宙本身的意识来体验禅定（Samadhi），即宇宙意识的认同。

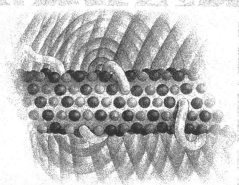

微管的侧视图

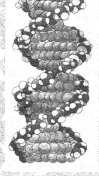

微管的透视图

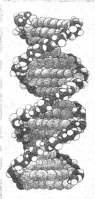

重叠的五层五边形花

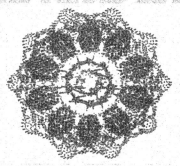

DNA 十边形连座状横截面图

网格蛋白的足球状结构

贤者之石 / 新视野与洞察力——坚守诺言
THE PHILOSOPHER'S STONE
NEW VISION AND INSIGHT — A PROMISE KEPT

    从黄金分割线到意识的本质，我们已经谈论了很多。所有的讲述都是为了剖析自然界的最大奥秘——黄金分割，通过审视这个极为简单但意义深远的不对称切割，为你提供了新视角，提高了洞察力。在整个宇宙中的各个层面，黄金分割是永恒长存的，结合无穷多样的有序比例对称，将部分和整体从大到小统一起来，奏响了一曲和谐的交响乐。

    在此过程的同时，我们应该已经发现了无价之宝，那就是把基础知识转化为黄金智慧的宝石。下一次，当你捡起一个海星，洗刷牙齿，抑或是欣赏一幅画，看见一个松果，或者是踢足球、赏夜星、摘鲜花、听音乐，甚至是刷信用卡，请停下来，思考片刻。你既是一个由更小部分组成的整体，也是一个更大整体的一部分。

    这就是自然界的最大奥秘。黄金比例把我们生活中的每一个细节都紧密地交织在一起，为我们提供了能够产生共鸣的方式，使得我们在回归自我的道路上，逐步达到更广阔的自我认同以及自我发展的阶段。

    人类有责任把黄金分割这个深奥的自然法则重新连接起来，并与之产生共鸣，美化我们的世界，美化我们与和谐形式以及卓越的黄金标准之间的关系。正如大自然毫不费力所做的那样，我们的责任就是要改变我们的世界，把它变得如同天堂一般美丽，变成我们一直追求的和平共生的世界。

THE
BEAUTY
● F
SCIENCE
科学之美

附 录
APPENDICES

Φ 方程式
PHI EQUATIONS

黄金比例表达式：

黄金比例同时具有加法和乘法的特性，可以用简单的二次方程式 $a^2-a=1$ 来表示，该方程式有两个解，一个正解和一个负解，分别为 Φ 和 $-\Phi^{-1}$：

$$a_1 = \frac{1+\sqrt{5}}{2} \text{ 和 } a_2 = \frac{1-\sqrt{5}}{2}$$

所以，$\Phi = \frac{\sqrt{5}+1}{2} = 1.61803398874989484882\cdots$

以及 $\frac{1}{\Phi} = \frac{\sqrt{5}-1}{2} = 0.61803398874989484882\cdots$

该表达式也有以下重要的恒等式：

$$\Phi = 1 + \frac{1}{\Phi} \text{ 和 } \Phi = \sqrt{1+\Phi}$$

选取上述恒等式的第一个，然后反复迭代 Φ 可得到最简单的连分数：

$$\Phi = 1 + \cfrac{1}{1+\cfrac{1}{\Phi}} = 1 + \cfrac{1}{1+\cfrac{1}{1+\cfrac{1}{\Phi}}}$$

$$\Phi = 1 + \cfrac{1}{1+\cfrac{1}{1+\cfrac{1}{1+\cfrac{1}{1+\cfrac{1}{1+\cdots}}}}}$$

同时，选取第二个恒等式，然后反复迭代 Φ 可得到最简单的嵌套根数：

$$\Phi = \sqrt{1+\sqrt{1+\Phi}} = \sqrt{1+\sqrt{1+\sqrt{1+\Phi}}}$$

$$\Phi = \sqrt{1+\sqrt{1+\sqrt{1+\sqrt{1+\sqrt{1+\sqrt{1+\cdots}}}}}}$$

Φ，π 和 e 之间的近似关系：

$\pi \approx 6/5\Phi^2$ 和 $\pi \approx 4/\sqrt{\Phi}$ 两个公式可从大金字塔得出。同时，需注意近似公式：$e \approx \Phi^2 + 1/10$，以及更准确的公式：$e \approx 144/55 + 1/10$。

包含黄金分割的三角函数：

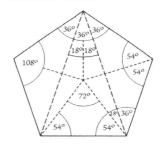

angle θ	sin θ	cos θ	tan θ
18°	$\dfrac{\sqrt{1-1/\Phi}}{2}$	$\dfrac{\sqrt{2+\Phi}}{2}$	$\dfrac{\sqrt{1-1/\Phi}}{\sqrt{2+\Phi}}$
36°	$\dfrac{\sqrt{2-1/\Phi}}{2}$	$\dfrac{\sqrt{1+\Phi}}{2}$	$\dfrac{\sqrt{2-1/\Phi}}{\sqrt{1+\Phi}}$
54°	$\dfrac{\sqrt{1+\Phi}}{2}$	$\dfrac{\sqrt{2-1/\Phi}}{2}$	$\dfrac{\sqrt{1+\Phi}}{\sqrt{2-1/\Phi}}$
72°	$\dfrac{\sqrt{2+\Phi}}{2}$	$\dfrac{\sqrt{1-1/\Phi}}{2}$	$\dfrac{\sqrt{2+\Phi}}{\sqrt{1-1/\Phi}}$

将 Φ, e 和 i 连接起来：

理查德·费曼（Richard Feynman）注意到了基于欧拉方程的等式：$e^{i\pi} = \Phi^{-1} - \Phi$。我们也得出两个结果：$2\sin(i\ln\Phi) = i$ 和 $2\sin(\pi/2 - i\ln\Phi) = \sqrt{5}$。

黄金分割字符串：

二进制无限循环的"兔子"序列与 Φ 有着紧密的关系，该序列不会包含 00 或 111，呈现的方式有：1011010110 1101011010 1101101011 0110101101 0110110101 1010110110 1011011010 1101011011… （详见网站 www.mcs.surrey.ac.uk ）

斐波那契数列和卢卡斯数列公式
FIBONACCI & LUCAS FORMULA

斐波那契数列的定义：

$F_0=0, F_1=1$, 那么，$F_{n+2}=F_{n+1}+F_n$

早期的斐波那契数列：

n 0 1 2 3 4 5 6 7 8 9 10 11 12 13 14 15
n 0, 1, 1, 2, 3, 5, 8, 13, 21, 34, 55, 89, 144, 233, 377, 610,

16 17 18 19 20 21 22 23
987, 1597, 2584, 4181, 6765, 10946, 17711, 28657

24 25 26 27 28 29
46368, 75025, 121393, 196418, 317811, 514229, …

斐波那契数列的比内公式：

$F_n=(\Phi^n-(-\Phi^{-n}))/\sqrt{5}$

斐波那契数列的卡西尼公式：

$(F_{n-1})(F_{n+1})-(F_n)^2=(-1)^n$

负项斐波那契数列：

$F_{-n}=(-1)^{n+1}F_n$

斐波那契数列的因数：

　　每列第 n 项斐波那契数都是 F_n 的倍数，所以 F_n 是每列第 n 项斐波那契数的一个因数。因此 $F_3=2$ 表示每列的第 3 项斐波那契数都可以被 2 除尽，即每列第 3 项斐波那契数是偶数；$F_4=3$ 表示每列第 4 项斐波那契数可以被 3 除尽，$F_5=5$ 表示每列第 5 项斐波那契数可以被 5 除尽，以及 $F_6=8$ 表示每列第 6 斐波那契数都可以被 8 除尽。另外，如果 n 是 m 的因数，则 F_n 将是 F_m 的因数。

斐波那契数列求和：

　　$^n\Sigma F_n=F_{(n+2)}-1$，即前 n 个斐波那契数之和比第 $n+2$ 项斐波那契数小 1。斐波那契数列奇数项之和等于下一项偶数项斐波那契数，而偶数项斐波那契数之和则比下一项偶数项斐波那契数小 1。

斐波那契数列的平方：

　　$^n\Sigma (F_n)^2=F_nF_{(n+1)}$ 表示前 n 项斐波那契数的平方和等于第 n 项与第 $n+1$ 项斐波那契数的乘积。$(F_n)^2=F_n(F_{(n+1)}-F_{(n-1)})$ 同样成立。两个连续的斐波那契数平方之和表达式为 $(F_n)^2+(F_{n+1})^2=F_{(2n+1)}$。

卢卡斯数列的定义：

$L_0=2, L_1=1$, 那么 $L_{n+2}=L_{n+1}+L_n$

早期的卢卡斯数列：

n 0 1 2 3 4 5 6 7 8 9 10 11 12 13 14
F_n 2, 1, 3, 4, 7, 11, 18, 29, 47, 76, 123, 199, 322, 521, 843,

15 16 17 18 19 20 21 22
1364, 2207, 3571, 5778, 9349, 15127, 24476, 39603,

24 25 26 27 28 29
64079, 103682, 167761, 271443, 439204, 710647, …

卢卡斯数列的比内公式：

$L_n=\Phi_n+(-\Phi^{-n})$

卢卡斯数列的卡西尼公式：

$(L_n)^2-(L_{n+1})(L_{n-1})=5(-1)^n$

负项卢卡斯数列：

$L_{-n}=(-1)^n L_n$

卡西尼公式：

　　如左边公式所示，每个斐波那契数是其两个相邻数字的近似等比中项，该项需用 +1 或 −1 来交替修正，同时我们看到，每个卢卡斯数是其相邻两个数的近似等比中项，该项受 −5 或 +5 交替修正。由于比内公式：$\Phi^n=(L_n+F_n\sqrt{5})/2$ 的扩展，斐波那契数与卢卡斯数字两者的关系更为密切。

斐波那契数列和卢卡斯数列的转换：

　　$L_n=F_{n+1}+F_{n-1}$，也就是说，第 n 项卢卡斯数是第 $n+1$ 项和第 $n-1$ 项斐波那契数之和。与此相关的结果是 $L_n=F_{n+2}-F_{n-2}$。同样还有公式 $L_n=F_n+2F_{n-1}$，且任何四个连续的斐波那契数相加等于一项卢卡斯数。最后，简单优雅的方程式是 $F_{2n}=F_nL_n$，以及公式 $F_n+L_n=2F_{(n+1)}$。

双曲线斐波那契数列和卢卡斯数列函数：

　　根据比内公式，我们可以推导出令人着迷的方程式 $L_{2n}=2/\cosh(n\ln\Phi)$ 及其衍生方程式 $L_{2n+1}=2\sinh(n\ln\Phi)$。2003 年，阿列克谢·斯塔霍夫（Alexey Stakhov）发表了以下两个举世瞩目的恒等式：

$\sin F_n+\cos F_n=\sin F_{n+1}$ 和 $\sin L_n+\cos L_n=\cos L_{n+1}$。

不确定并向量
THE INDEFINITE DYAD

柏拉图是一名毕达哥拉斯学派学者，谨守神圣的誓言，不去揭露神秘的毕达哥拉斯数学规则中更为深奥的真理。他与毕达哥拉斯一样，在埃及度过了相当长的一段时间，跟那里的神职人员一起研究数学的奥秘，并在他的著作中有意隐藏更深奥的真理。柏拉图作为一名教师和作家，对苏格拉底助产术身体力行，提出了一些异常的困惑、问题以及不完整的解决方案，这些在学院和他的对话中都有明显的表现。读者需要设法（诱导或假设）找到解决异常情况的方法。学院成员遇到过一些问题，比如立方体的翻倍，或者对天体的描述，即说明和解释行星表面不规则的运动，从而"拯救这些表象"。

柏拉图在对话中仔细挑选了数个相互关联且非常巧妙的问题。这些问题同时涉及黄金分割的巨大奥秘及其倒数，这恰好就是不确定从向量的较大值和较小值。从亚里士多德和学院的其他成员的讲述中可以清楚看到，柏拉图在非书面的演讲中，更为公开地揭示了"元一"（或对话中的"善论"）如何与不确定并向量大小值相结合的深层真理，从而形成"理念形式""数学概念"和"认知细节"的层级。在《形而上学》一书中，亚里士多德写道："由于形式是所有其他事物的成因……所以形式的要素就是万物的要素，物质无论大小都是本源，质料无论大小都来自于元一，当它们融入元一就成为形式和数字。"然而，即使对学院成员来说，这样的描述也是高深莫测的，正如辛普里丘斯（Simplicius）在他的《亚里士多德物理学评论》一书中记载的那样："柏拉图把'元一'和'并向量'视为第一原则，也是'具体事物'的第一原则。他把'不确定并向量'也纳入到思想的对象当中，并声称它是无限的，他在《论善》的演讲中确定了大与小的第一原则，声称它们是无限的。亚里士多德、赫拉克利德（Heraclides）、赫斯提尤斯（Hestiaeus）和柏拉图的其他同伴都参加了这些演讲，他们以神秘的风格将这些内容记录了下来。"

柏拉图在《巴门尼德》中提出了"最难论证"的问题：非物质的理智世界与物质的现实世界是如何联系与互动的？在《蒂迈欧篇》中，柏拉图清楚地表明，连续等比是所有关系中最好的比例。这包含起媒介作用的等比中项关系。然后他为我们提供了所谓的 1, 2, 4, 8 和 1, 3, 9, 27 之间 λ 的关系。在《理想国》中，柏拉图要求我们不均衡地切分线段，以代表理智世界和现实世界。实际上，他告诉我们运用最简单的切割方法即黄金分割，可以在整体和部分之间产生一个连续等比。当我们把相同的比率黄金切割应用于两个段数时，我们就可得到各部分之间最有趣的等比 $\Phi:1=1:1/\Phi$。单位 1 成为 Φ 与 $1/\Phi$ 之间的等比中项。因此，几何关系是 $\Phi:1:1/\Phi$。我认为，这是较大值：单位 1= 单位 1：较小值，或者较大值：单位 1：较小值。因此，最难论证问题可通过连续等比来解决。在单位 1 与较大值和较小值的关系中，理智世界和现实世界是通过"黄金分割"的魔力来相互联结、交错、融合在一起的。

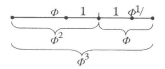

此外，柏拉图在《蒂迈欧篇》一书中明显遗漏了构建十二面体所需的三角形，虽然他宣称这个正多面体代表宇宙本身。这个三角形当然要求他公开承认黄金分割。然而，他的确提供了构建四面体、八面体和二十面体的 √2 三角形。他还注意到，√3 三角形是用来构成第三个三角形，即等边三角形。柏拉图去世后，他的侄子斯珀西波斯（Speusippus）负责学院的工作，在《论毕达哥拉斯数字》（仍有残篇）中写道："所有边相等的等边三角形代表单位 I 或整体，只有两边相等的三角形代表 II，而三边不等的√3三角形代表 III。"

柏拉图明确指出√2和√3三角形是最漂亮的三角形。然而，他向机敏的读者提示道："那么……我们设想火和其他物体的原始元素，但是有些法则只有上帝知道，而他是上帝的朋友。"（《蒂迈欧篇》）因此，柏拉图表示，实际上，或许法则在这些三角形之前就存在。事实上，我认为这些法则是在第四个三角形消失当中被发现的，因为这个三角形是构成十二面体所必需的。柏拉图接着说：

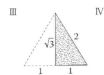

"……任何人在构建这些物体当中能够指出比我们的更为漂亮的形式，那将是他莫大的荣誉，那么他就是我们的朋友，而不是敌人。现在，我们所主张的是诸多三角形中最漂亮的那一个……它就是通过两个三角形形成的第三个等边三角形。其缘由过于冗长而无须赘述。任何反驳我们的人，以及声称我们弄错的人，可能只是想索要一个友好的胜利。"（《蒂迈欧篇》）尤其明确的是，柏拉图在这里提到了第三个三角形，即等边三角形，斯珀西波斯已经明确地将其认定为 I。 √2三角形代表 II，√3三角形代表 III。 然而，在毕达哥拉斯学派中，有人却对四重圣十结构极为信赖。

亚历山大的《〈形而上学〉评注》中有这样一段无可争辩的评论，他引用了亚里士多德对柏拉图切中要害的观察："通过思考证明平等和不平等（也称为元一和不确定并向量）是万物的首要原则，评判事物的这两个原则存在于自己的权利或是对立的事物之中……他把平等赋予为单子，把不平等归结为过度和不足；因为不平等包含了大小不一的两个事物，它们具有过度和不足的特性。这就是他称之为不确定并向量的原因——因为既不过度又不越出，就其本身而言都是明确的。但是，他认为，当其受限于元一时，不确定并向量就变成了数字的并向量。我们清楚，当大小黄金比例值之间的差加上1时，它的值等于2，2不是约数，而是精确的。因此，较大值-较小值+单位1=2，即（$\Phi-1/\Phi$）+ 1 =2。

最后，也是采用黄金比例及其倒数与单位1一起的方式，通过相关的等比中项关系来设定比例标准。这不仅关系到呈现宇宙的"真理"与"现实"，而且还关乎"美"与"善"。因此，柏拉图在《政治家》中写道："正是这样，他们维护了平均值的标准，他们所有的作品都具有'善'与'美'的特性……大黄金比例值和小黄金比例值不仅相互关联（即$G:L=\Phi^2$），而且也关系到平均标准的确立（即$G:1=\Phi$和$1:L=\Phi$）……这包含了衡量它们的标准，涉及中庸、相称、适宜、需求等，所有其他标准处于中末比之间的平均值。"现在，我们开始注意到美学（美）和道德（善）的延伸。毫不意外的是，亚里士多德提出了处于两个主项之间"适度中庸之道"的概念。例如，勇气就是来自于鲁莽与怯懦两种主项之间。

因此，涉及"单位1"的"不确定并向量"为"真""善""美"奠定了基础。约翰尼斯·开普勒（Johannes Kepler）同时隐匿地揭示了这个伟大秘密的本质，他用简朴的话语这样说道："几何学有两大宝藏：一个是毕达哥拉斯定理；另一个是把一条线段分割成中末比。如果我们把第一个宝藏比作黄金，那么第二个就应该称为珍贵的宝石。"

（该缩写版首次刊登在《建筑和数学杂志》第4卷，第1期；网址：www.nexusjournal.com）

设计者的矩形
DESIGNERS' RECTANGLES

选自汉姆比德吉基：*ws* = 旋转正方形（黄金矩形），*s* = 平方，*r5*= 边长为√5 的矩形。

黄金物理现象
GOLDEN PHYSICS

戴维·玻姆（David Bohm）对自然界的超隐序、隐缠序和显析序做了深刻的柏拉图式理解，并把这种理解与M.S.埃尔·纳斯奇（M.S. El Naschie）的 E 无穷大（E^∞）理论结合起来。该理论通过以康托尔时空观为核心的黄金分割，模拟了夸克和基本粒子的谐波产生。玻姆认为，处在外部的显析序（柏拉图的现实范畴）背后有一个内在的、隐藏的隐缠序（类似于柏拉图的理智范畴）。他认为，这种秩序和结构的来源可在所谓的真空状态（即零点能量场）下发现。在伯克贝克学院的研讨会上，他断言："在一立方厘米（所谓的）的真空中，能量远远大于已知宇宙中所有物质的总能量！"物质仅仅是一种对"大量虚拟隐缠序的激发"。

玻姆在回忆起柏拉图囚徒观看洞穴墙壁上影子的情景时，他认为这种分形的"不连续性或量子能级的突然跳跃可能被认为是一个穿墙而过的影子"。埃尔·纳斯奇（M.S. El Naschie'）的贡献在于为玻姆的柏拉图式概念框架提供了详细的内容。他在 1994 年撰写的论文中开篇写道："量子空间是一个随机的康托尔集吗？其核心具有黄金分割维度吗？" E 无穷大时空理论为这种中心作用奠定了理论基础，黄金分割通过真空态波动的连续对称破缺，在夸克和亚原子粒子质量和谐的表现形式中起到了"匹数"的作用：

"黄金比例，及其倒数和平方值的出现，不管是正数还是负数，都可以表现为振动频率和质能因子，表明它是最简单的真实单位，其中汉密尔顿动力学可以开始发展成为一个高度复杂的结构，即一个所谓的嵌套振动……黄金比例在非线性动力稳定性和混沌系统中起着决定性的作用，就如著名的 KAM 定理（柯尔莫戈洛夫、阿诺德和莫泽的混沌边界）和高能粒子物理学所显示的那样……KAM 定理认为，最稳定的周期轨道是共振频率的无理数比率。由于黄金比例完全是个无理数，所以其相应的轨道是最稳定的轨道。根据弦理论，粒子是振动弦。因此，要观察一个粒子，相应的振动必须是稳定的，只有当匹数与这个动力学相对应时，KAM 理论才有可能得以解释，我们称之为 VAK 康托尔真空漂移理论。"——埃尔·纳斯奇

埃尔·纳斯奇发现，通过 E 无穷大理论观察到的粒子物理学似乎是"一种宇宙交响曲"。这些粒子就是"黄金比例及其衍生物的一个非复值函数"。随后的夸克质量"与大部分稀少和难得的夸克质量数据出奇地一致。只要看一眼这些数值，任何人都能发现它们构成了一个和谐的音乐阶梯"。

夸克的流质量与组合质量的 Φ 和 $1/\Phi$ 函数

夸克味	流质量（MeV）	组合质量（MeV）
上	$2\Phi^2=5.236\cdots$	$80\Phi^3=338.885\cdots$
下	$2\Phi^3=8.472\cdots$	$80\Phi^3=338.885\cdots$
奇	$10\Phi^6=179.442\cdots$	$10\Phi^8=469.787\cdots$
粲	$300\Phi^3=1270.82\cdots$	$20\Phi^9=1520.263\cdots$
美（顶）	$10^3\Phi^3=4236.067\cdots$	$100\Phi^8=4697.871\cdots$
真（底）	$10^4\Phi^3=42360.679\cdots$	$10^4\Phi^3=179442.719\cdots$

在下表中，请注意理论值和实验值之间相差很小，注意有趣的 5/2 叶序和卢卡斯 7/4 比率。下表涉及基本成分的 E 无限大值如下：$\bar{\alpha}_0=20\Phi^4=137.0820\cdots$ 是萨默菲尔德（Summerfield）电磁精细结构耦合常数的倒数，$K=\Phi^{-3}(1-\Phi^{-3})=0.18033988\cdots$ 是一个基于 Φ 的常数。$\bar{\alpha}_g=10\Phi^3=42.3606797\cdots$ 是三个非重力相交点的耦合常数 $\bar{\alpha}_0$ 的理论值。$\bar{\alpha}_{gs}=\bar{\alpha}_g/\Phi=26.18033988\cdots=(10\Phi^3)\Phi=10\Phi^2$。这是在普朗克长度为 10^{-33} 厘米处所有基本力的超对称统一下的反向耦合常数。

亚原子粒子质量的 Φ 和 $1/\Phi$ 函数

亚原子粒子	理论质量（MeV）	实验值（MeV）
e（电子）	$\sqrt{\bar{a}_{gs}}/10=\sqrt{(10\Phi^2)}/10=0.51166\cdots$	0.511
n（中子）	$20\Phi^8=939.574\cdots$	939.563
p（质子）	$20\Phi^8\cos(\pi/60)=938.28\cdots$	938.27231
$\Pi\pm$（Π介子）	$\bar{a}_0+(5/2)=139.5820\cdots$	139.57
Π 0	$\bar{a}_0-(5/2)=134.5820\cdots$	134.98
$\Omega-$	$10[\bar{a}_0+(49/\Phi)]=1673.657\cdots$	1672.43
Exi-	$10[\bar{a}_0-(8/\Phi)]=1321.377\cdots$	1321.32
Exi0	$10[\bar{a}_0-(9/\Phi)]=1315.197\cdots$	1314.9
μ（介子）	$\sqrt{(1000\Phi^5)}=105.309$ or $(20+k)(5+\Phi^3)=105.665\cdots$	105.65839
η	$(4\bar{a}_{gs})/20=(40\Phi^2)^2/20=548.328\cdots=m_n$	548.8
η'	$(7/4)m_n=(7/80)(4\bar{a}_{gs})^2=959.5742755\cdots$	957.5

卢卡斯数列的更多魔力
MORE LUCAS MAGIC

20 世纪 90 年代早期，英国研究人员罗宾·希思（Robin Heath）观察到一个奇怪的现象：太阳、月亮和地球之间的所有数字都与关键数字 18 和 19 密切相关，这可以归结为黄金比例的组合运算。关于这个现象的有利证据是，太阳和月亮与 18 和 19 两个数字可以用默冬周期和沙罗周期来表示，也就是说，默冬周期是指 19 年后的同历日期出现满月，而沙罗周期是相似的日食现象每 18 年重复一次。

此外，从地球上观察，太阳和月球轨道的交点，即南北交点，需要 18.618 年才能绕天空旋转一圈，或者说是 18 加上小黄金分割值。希思（Heath）对此做了惊人的观察，该相同数字（即 18.618）的平方是 346.63，这是一个与"食年天数"高度精确的数值，也是太阳返回到同一南北交点所花费的时间长度（当然交点与太阳、月亮和其他行星旋转的方向相反）。数字 346.63 加上充满魔力的数字 18.618 就会得出 365.25，这正好是一个"太阳年"的天数，也就是 18.618 × 19.618 积的数字。最后，在此基础上再加上 18.618，我们便得出 383.87，即 13 个"阴历月"，或者说是 13 个满月的天数，18.618 × 20.618 也能得出这个数。

如果 18 是一个卢卡斯数（$18 = \Phi^6 + \Phi^{-6}$），我们便可以对已提到的表达式重新表述为：

交点年
= 18.618 × 18.618 天数
= $(\Phi^6 + \Phi^{-6} + \Phi^{-1})^2$ 天数

太阳年
= 18.618 × 19.618 天数
= （18 + Φ^{-1}）（18 + Φ）
由卢卡斯数列的魔力得出
= （$\Phi^6 + \Phi^{-6} + \Phi^{-1}$）（$\Phi^6 + \Phi^{-6} + \Phi$）天数
本杰明进一步表达为
= $\sum_{5,7,12} (\Phi^n + \Phi^{-n} + 1)$
（注意：此处是音阶结构）

13 个满月
= 18.618 × 20.618 天数
= （$\Phi^6 + \Phi^{-6} + \Phi^{-1}$）（$\Phi^6 + \Phi^{-6} + \Phi^2$）天数

叶序角度
PHYLLOTAXIS ANGLES

1/2　1800：榆树、酸橙、桦树、椴树、谷类植物、葡萄、某些草类。

1/3　1200：山毛榉、榛树、赤杨木、提琴颈花、黑莓、莎草、郁金香、某些草类。

2/5　1440：橡树、樱桃树、苹果树、冬青树、李子树、杏树、禾叶栎、加州月桂、胡椒树、常绿灌木、狗舌草、芥菜、常绿树、浆果鹃。

3/8　1350：杨树、梨树、垂柳、玫瑰、南欧大戟、洋槐（刺叶序）、卷心菜、萝卜、亚麻、大蕉。

5/13　138.50：扁桃树、花菜类植物、褪色柳、云杉、茉莉、蔓越橘、韭菜。

13/34　137.60：松树、玉兰类植物。